TODAI NO SENSEI! BUNKEI NO WATASHI NI CHO WAKARIYASUKU SUGAKU WO OSHIETE KUDASAI!
Copyright@2019 Katsuhiro Nishinari
Original Japanese edition published by Kanki Publishing Inc
Korean translation rights arranged with Kanki Publishing Inc
through The English Agency(Japan) Ltd. and Danny Hong Agency

이 책의 한국어판 저작권은 대니홍 에이전시를 통해 저작권자와 독점 계약한 루비페이퍼에 있습니다.
저작권법에 의하여 한국 내에서 보호를 받는 저작물이므로 무단 전재와 무단 복제를 금합니다.

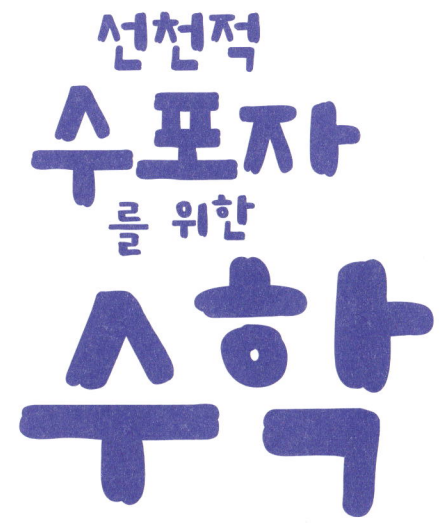

니시나리 가쓰히로 지음
이진경 옮김

시작하며

첨단과학기술 연구센터. 일명 첨단연구소라고 부릅니다. 전 세계 내로라하는 교수들이 이곳에 모여 매일같이 구슬땀을 흘리며 기존 틀에 얽매이지 않은 독특한 최첨단 연구를 이어가고 있습니다.

하지만, 솔직히 글로 먹고사는 저 같은 문과형 인간에게는 아무런 인연이 없는 장소라고 할 수 있습니다. 중학교 때 수학 울렁증이 생긴 후 저는 줄곧 수학과는 담을 쌓은 채 질질 끌려다니기만 했습니다. 고등학교 미적분 시험에서 0점을 받은 경험은 지금도 잊을 수 없는 트라우마로 남아 있죠. 저처럼 수학을 피해 다니다 문과 학부에 진학해서 문과형 인간이 된 처지라면 수학에 다시 발을 들이는 것만으로도 괜히 주눅이 들게 마련입니다. 그러던 어느 날.

"수학 알레르기에서 벗어나고 싶지 않나요?
알레르기 고치고 싶죠?
한번 고쳐 보자고요!!!"

이 의욕적인 목소리의 주인공은 저처럼 수학 알레르기로 고생하던 문과형 인간, 출판 편집자였습니다. 그렇게 저는 얼떨결에 거의 떠밀리다시피 취재를 시작하게 되었습니다. 그녀의 이야기를 듣자니 교통 체증이 발생하는 메커니즘을 수학적으로 밝히는 '정체학'이라는 학문을 확립한 응용수학계의 카리스마 넘치는 교수님이 직접 게다가 굉장히 알기 쉽게 **수학을 가르쳐 준다**는 말이었습니다.

"예? 그게 가능한가요…?"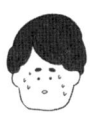

저는 수학 알레르기가 덧나고 덧나서 이 나이를 먹도록 수학을 피해왔던 사람입니다. 물론 초·중등 교과서를 사서 마음을 다잡고 다시 공부하려면야 하겠지만 그렇게까지 할 마음조차 생기지 않았습니다.

하지만 한편으로는 평소 경영자나 경제학자와 이야기를 나눌 때 '수학적 지식이 있었다면…' 하는 아쉬움을 여러 번 느꼈고, 아직 어린 제 딸만큼은 이과 지식을 충분히 습득했으면 하는 바람도 있었습니다. 그렇게 생각은 하고 있어도, 사실 나중에 딸아이의 숙제를 봐 줄 자신조차 없었습니다.

그런 제가 교수님을 만나기 위해 전철역에서 무거운 발걸음으로 연구소를 향해 터벅터벅 걸어가는데 신기하게도 생각이 조금씩 긍정적으로 바뀌어 갔습니다. 어쩌면 제가 수학 알레르기를 없앨 수 있는 처음이자 마지막 기회일지도 모르니까요. 그렇게 '어른을 위한 수학 수업'은 교수님의 첨단과학기술 연구센터, 일명 첨단연구소에서 시작되었습니다.

결론부터 말씀드리겠습니다. 이 수업으로 문과 외길 인생 30년인 저도 중학교 수학을 별 무리 없이 이해할 수 있게 되었습니다. 지금 상태라면 딸에게 수학을 가르칠 자신도 있고요. 그리고 제가 가장 궁금했던 **수학이라는 학문이 왜 중요한지** 충분히 이해하고 공감했고, 더욱 놀라운 점은 고등학생 때 완전히 두 손 들었던 **미분·적분의 기초**까지도 이해할 수 있게 되었다는 점입니다!

정말 대단하지 않나요?

게다가 그 모든 것을 단 5, 6시간 만에 다 끝냈습니다. 30년간의 콤플렉스를 한방에 털어내 기쁜 마음도 있지만, 한편으로는 '뭐야, 학생 때 미리 알았더라면 그렇게까지 고생하지 않았을 텐데'라는 생각을 떨쳐버릴 수 없었습니다. 업무로 수학이 필요한 분, 수학이 왜 필요한지 의문인 분, 저처럼 자신의 아이에게 수학을 가르치고 싶은 분, 중·고등학생 시절 중증 수학 알레르기로 고생한 분이라면 일단 읽어보시길 바랍니다. 수학의 필요성을 절실하게 느끼고, 가장 빠르고 짧은 시간에 수학을 정복하면서도 깊게 이해할 수 있습니다.

저처럼 오로지 문과 외길을 걸어오면서 숫자를 보는 것조차 버거운 당신! 지금 당장 첨단연구소 문을 힘차게 두드려 주세요!

태어나 처음으로 수학을 이해하게 된 **고 가즈키**

이 책의 특징

이 책은 수학 때문에 골머리를 앓았던 어른용으로, 수학을 휘리릭 다시 공부하는 책입니다. 학생들은 보통 교과서에 있는 수십 개의 단원을 하나씩 배워 나가지만, 이 책은 시간이 없는 어른을 위한 책이므로 수학을 세 가지 카테고리로 나누고 각각의 최종 목적지를 정해서 최단 경로로 목적지(끝판왕)에 도달할 수 있도록 구성했습니다.

목 차

04　시작하며
07　이 책의 특징

 **우리는 왜
수학을 공부할까?**

16　**1교시 수학이 사는 데 정말 도움이 될까?**
16　써먹을 데가 없어서가 아니라 써먹으려 하지 않을 뿐
17　지금 바로 주변의 문제를 해결해보자!
20　수학의 시작은 측정하고 싶다는 욕구에서 출발!
23　누구에게나 같은 정보를 전달하기 위한 비책
26　수학은 실생활에서의 응용이 무궁무진한 학문
28　수많은 거인의 지혜로 더 빨리 해답에 도달하기
31　COLUMN 나의 이과형 에피소드 - 소년 대박사의 취미

32　**2교시 수학으로 현실 문제에 맞서자!**
32　사실 문과도 논리를 사용하고 있다?
35　똑똑함의 정체는 바로 사고 체력
38　사고 체력으로 전대미문의 과제를 풀어 보자
41　지금 시대에 필요한 사고 체력은 중학교 수학으로 단련할 수 있다!
42　인공지능에 맡길 게 따로 있지!

2일째 중학교 수학을 가장 빠르고 가장 짧게 배우자!

- 46 **1교시 수학은 크게 세 가지로 나뉜다**
- 46　수학은 크게 수와 식, 그래프, 도형으로 나뉜다
- 47　이것만 짚고 넘어가도 이득!! 수학 최강의 무기, 이차함수
- 49　성인에게 필요한 수학적 사고는 중학교 수학으로 단련할 수 있다
- 52　최단 경로는 목적지에서 거꾸로 내려오는 것
- 55　중학교 수학 교과서에서 필요한 것은 고작 5분의 1?
- 57　COLUMN 대박사 선생님, 요리를 말하다

- 58 **2교시 중학교 수학에서 경험하는 중요한 사고**
- 58　모르는 것은 모른다고 받아들이면 편하다
- 60　식을 세우면 세상이 바뀐다!

3일째 중학교 수학의 정상, 이차방정식을 한방에 정복하자!!

- 64 **1교시 수학으로 일상 문제를 해결하자!**
- 64　중학교 수학의 끝판왕, 이차방정식을 무찌르자!
- 65　귀여운 고양이를 위해 식을 세워 보자

- 70 **2교시 대수의 편리 아이템 '음수'를 차지하라!**
- 70　어려운 식을 간단하게 만드는 '한 덩어리' 기술
- 75　현실에 없는 음수가 현실에서 도움을 준다?

77	뺄셈 기호와 음수는 별개
78	다시 한 덩어리의 마술을 부려 보자!
83	COLUMN 1 나의 이과형 에피소드 - 날이 저물다
83	COLUMN 2 나의 이과형 에피소드 - 구구단 외우기

84 | 3교시 음수의 곱셈과 제곱근이 끝판왕을 물리치는 무기

84	이차방정식의 이차는 곱하는 횟수
87	음수끼리 곱하면 양수가 되는 신기한 규칙
89	초강력 아이템, 분배법칙을 획득하자!
93	수학적 약속은 영어 문법과 같다
95	어른의 편의로 생겨난 제곱근
99	편리한 것은 아낌없이 사용해서 목적지에 가까워지자

106 | 4교시 삐끗 기술을 최대한 활용해서 중학교 수학의 끝판왕을 물리쳐라!

106	양쪽 삐끗 한쪽 삐끗 법칙
111	같은 수만큼 차이 나게 하면 방정식이 쉬워진다!
113	같은 수만큼 차이 나는 식으로 변형해보자
120	이제는 고양이 전용문을 설계하자!
122	번외! 근의 공식은 외우지 않아도 괜찮아
125	대박사 선생님의 한마디 빅데이터에도 활용되는 n차방정식

126 | 5교시 간단하지만 보기 드문, 인수분해로 이차방정식 풀기

126	현실 세계에서 거의 만날 수 없는 '인수분해로 푸는 이차방정식'
136	이차방정식을 물리치는 세 가지 방법을 복습하자
140	대박사 선생님의 한마디 영화 제작에도 사용되는 인수분해

머리에 쏙쏙!
중학교 수학의 함수를 정복하자!!

142 **1교시 함수는 뭘까?**
142 미분·적분을 사용하는 것이 원래 '해석'
143 폭음, 폭식했을 때의 체중을 그래프로 나타내보자
147 방정식과 함수의 차이점은 무엇일까?
149 그래프 선은 변화를 나타낸다
153 (대박사 선생님의 한마디) 데이터 과학자라면 필수! 통계와 확률

154 **2교시 이차함수 세계에 오신 것을 환영합니다!**
154 100년 후에 얼마가 될까? 금리를 계산해보자
158 복잡한 곡선도 이차함수로 나타낼 수 있다
160 고등학교에서 배우는 이차함수 미리 맛보기
165 이차방정식에서 해가 두 개인 이유를 직접 눈으로 보고 이해한다!

168 **3교시 반비례는 정비례의 반대일까?**
168 약간 수상쩍은 함수 '반비례'
171 반비례는 주고받는 관계에 있다
174 (대박사 선생님의 한마디) 세상은 이차함수로 가득 차 있다

5일째 중학교 수학의 도형을 여유롭게 정복하자!!

176 1교시 삼각형과 원을 알면 도형이 즐거워진다
176 이 세상은 삼각형과 원으로 둘러싸여 있다
178 피타고라스의 도움을 받아서 고양이 집을 짓자!
182 피타고라스 정리의 증명에는 여러 가지 방법이 있다

184 2교시 피타고라스 정리의 증명① 조합을 사용해보자
184 조합하면 보이는 것은?
187 엇각, 동위각, 맞꼭지각이라는 세 가지 무기
193 COLUMN 대박사의 머리카락이 풍성했던 시절 에피소드 - 내 이름은 '피타고라스'

194 3교시 피타고라스 정리의 증명② 닮음을 사용해보자
194 닮은 것에도 정의가 있다
196 미니 삼각형을 찾아라!
204 보조선을 사용해서 풀어 가자
206 건축, 측량에 빼놓을 수 없는 닮음

208 4교시 피타고라스 정리의 증명③ 원의 성질을 사용해보자
208 딱 떨어져서 감동적인 원주각의 성질
217 똑같은 삼각형이 보인다! 방멱의 정리
219 닮음을 이용한 증명을 살펴보자
228 COLUMN 담당 편집자의 에피소드 - 문과 외길 인생

230 면담 중학교 수학을 공략하라!
230 드디어 감동의 수포자 탈출?

6일째 〈특별 수업〉 수학의 최고봉, 미분·적분을 체험해보자!

236	**1교시 초등학생도 이해하는 미분·적분**
236	'미'세하게 '분'리해서 '미분'
238	머리카락 한 올로 미분·적분 개념 끝내기
240	잘게 나눌수록 확연하게 보이는 문제점
242	미분·적분은 어떤 경우에 필요할까?
245	미분식을 살펴보자!
246	적분식을 살펴보자!
247	아르키메데스가 발견한 기적의 법칙
250	미분은 중학교 수학으로 풀 수 있다
252	미분을 척척 풀어 보자
256	COLUMN 드디어 끝판왕을 물리치다

등장인물 소개

가르치는 사람

첨단과학기술 연구소 센터 교수. 일명 대(머리)박사.
42세라는 젊은 나이에 명문대 첨단과학기술 연구소 센터의 교수가 된 최강 엘리트지만 아이들도, 학생도, 주부도 수학과 친해지길 바라는 일념으로 수학에서 길을 잃고 헤매는 사람들에게 손을 내밀어 구원해주는 수학계의 신적인 존재. 취미는 오페라(CD도 냈음).

배우는 사람

나. 글 쓰는 일을 생업으로 삼은 순수 혈통 문과형 인간.
중학생 때 수학에 발목이 잡히고 고등학생 때 미적분 시험에서 0점을 받은 이후 수학의 '수'자도 쳐다보지 않았다. 그렇게 나이가 들고 사랑하는 딸에게 수학을 가르치고 싶다는 간절한 바람을 간직하고만 있던 중 담당 편집자의 꼬드김에 넘어가 첨단연구소 문을 두드리게 되었다.

담당 편집자

수학 알레르기를 고치고 싶다는 나의 고민을 듣고 여기에 끌어들인 장본인.

1일째

우리는 왜 수학을 공부할까?

수학이 사는 데 정말 도움이 될까?

문과형 사람들이 수학을 멀리하기 위한 핑계로 가장 많이 하는 말이 "수학을 배워서 어디다 써먹어?"입니다. 그래서 우선 '수학이 일상생활에 정말 도움을 주는가?'라는 의문을 풀어 보도록 하겠습니다.

✓ 써먹을 데가 없어서가 아니라 써먹으려 하지 않을 뿐

대박사 연구소에 온 것을 환영합니다!

선생님, 안녕하세요. 처음 뵙겠습니다. 음… 저같이 다 큰 문과형 인간이 학생이라 괜히 머쓱하네요.

별말씀을요. 제 목표가 한 사람이라도 더 수학에 흥미를 느끼게 하는 것이라서 굳이 말하자면 수학과 친하지 않은 학생을 대상으로 가르치는 편이 오히려 알기 쉽게 설명할 수 있답니다.

그렇게 말씀하시니 안심이 됩니다. 그렇다면 이왕 이렇게 된 거 서슴없이 돌직구를 좀 날리겠습니다. 도대체 수학은 왜 공부해야 합니까? 인터넷으로 "수학을 어디다 쓰나요?"라고 검색했더니 "실생활에서는 써먹을 데가 없다."라는 답변이 대부분이었습니다. 저도 지금껏 살면서 일상생활에서 방정식을 풀 일은 없었으니까요.

수학 지식이 없어도 살아갈 수 있다는 말은 맞는 말입니다. 단지 답변으로는 조금 궁색하다고나 할까요.

궁색…?

써먹을 데가 없다는 사람은 써먹으려 하지 않을 뿐, 수학을 응용할 수 있는 상황은 얼마든지 있습니다. 원래 수학의 궁극적인 목적 중 하나가 일상에서 풀어야 할 과제를 해결하는 것이니까요.

과제 해결이라니… 뭔가 어려워지는데요. (안절부절)

아, 아니! 그렇다고 벌써 돌아가면 안 됩니다! 조금만 더 들어보세요. 본디 인간에게는 '최고의 방법은 뭘까?', '좀 더 효율적으로 할 수 없을까?'와 같은 탐구욕이 숨어 있습니다. 수학은 일상생활에서 만나는 이런 문제를 해결하기 위해 진화해 왔답니다.

 지금 바로 주변의 문제를 해결해보자!

하지만 수학을 사용하는 사람이라고 하면 왠지 과학자나 금융 관계자 혹은 무언가를 개발하는 사람처럼 전문가 이미지가 강한데요. 저 같은 사람이 일상생활에서 직면하는 문제도 학창 시절에 배운 수학으로 풀 수 있나요?

물론 풀 수 있습니다. 혹시 아이가 있나요?

 한 살짜리 딸이 있습니다.

 그렇다면 예를 들어 젖병 소독액을 만들기 위해 인터넷을 검색해보니 "물 1000㎖당 1%의 차아염소산나트륨 수용액을 12.5㎖ 넣으시오."라는 문구가 있었다고 가정해보죠.

 헉!(동공 지진)

 곧 사랑스러운 딸아이가 배고플 시간인데 소독된 젖병이 없으니 서둘러 주세요! (웃음) 자, 일반 가정에 있는 차아염소산나트륨 수용액이라면 대표적으로 부엌용 염소계 표백제가 있습니다. 표백제 병에는 6% 수용액이라고 쓰여 있고 물은 2000㎖가 준비되어 있습니다. 표백제를 얼마나 넣어야 할까요?

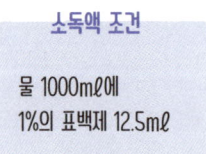

소독액 조건
물 1000m㎖에
1%의 표백제 12.5㎖

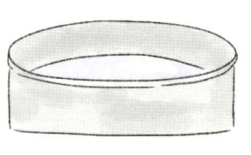

쑥쑥(분유통) 물 2000㎖   6% 표백제

 젖병 소독액을 아마존에서 지릅니다!

 물론 그 선택지도 있습니다만….

 앗! 이게 바로 써먹으려 하지 않는 것인가!

그렇습니다… (휴, 깨달아서 다행이군) 사실 일상생활에선 문제를 해결하기 위한 여러 방법이 있으니 수학을 사용하지 않아도 되는 경우가 대다수입니다. 하지만 만약 큰 지진이나 태풍으로 유통이 마비되고 집 밖에도 나갈 수 없는 상황에서 가진 거라곤 부엌용 표백제밖에 없다면 어떻게 해야 할까요?

계산할 수밖에 없겠네요…. (포기)

그렇지요. 물론 그런 극한 상황이 아니더라도 수학을 이용해 여러 상황에 대처할 수 있답니다. 자, 문제로 다시 돌아오죠. 가진 물이 2000㎖면 필요한 양의 두 배가 되는 셈이니까 농도를 유지하려면 1% 차아염소산나트륨 수용액도 두 배에 해당하는 25㎖가 필요한 것을 알 수 있습니다.

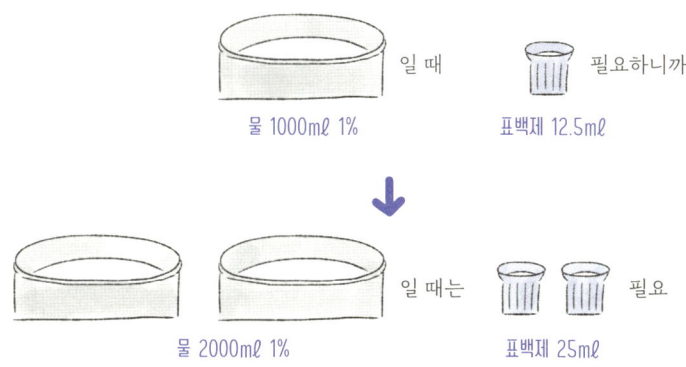

하지만 집에 있는 표백제는 6%이니까 25㎖를 그대로 넣으면 여섯 배나 진해져 버리겠죠. 자, 이때는 25㎖를 6으로 나누면 됩니다. 25÷6을 계산하면 4㎖ 조금 넘게 넣으면 된다는 결과가 나옵니다. 방정식을 사용하지 않아도 초등학생이 배우는 수학만으로 충분히 풀 수 있습니다.

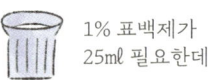 1% 표백제가 25㎖ 필요한데

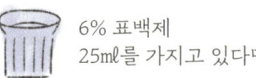 6% 표백제 25㎖를 가지고 있다면

 양을 6분의 1로 만들면 된다! 25÷6=4.16…㎖

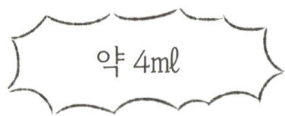 약 4㎖

 오호! 의외로 간단하네요. 게다가 직접 만드니 돈도 절약할 수 있어!

 지금 반응을 보니 수학 지식이나 센스보다는 실생활에서 생기는 문제를 수학으로 해결하려는 발상이 떠오르지 않는다는 점이 걸림돌인 것 같군요.

 아아…. 반론의 여지가 없습니다. 말씀하신 대로입니다.

 수학을 써먹는 사람과 써먹지 않는 사람의 차이가 바로 그것입니다.

✔ 수학의 시작은 측정하고 싶다는 욕구에서 출발!

 그렇다면 무엇을 위해 수학이 존재하는가? 이것은 상당히 심오한 질문이지만 수학의 기원을 되짚어가면 이해하기 쉬울지도 모릅니다. 사실 제가 근대 수학의 아버지라 불리는 독일 수학자 가우스가 살던 곳에 다녀온 적이 있습니다.

가우스? 아! 자기력으로 어깨 결림을 치료한다는 상품에 쓰여 있는…

 네. 맞습니다. 가우스는 물리학자이기도 해서 그의 이름을 자속밀도(磁束密度)의 자기장 세기 단위로도 사용합니다. 가우스가 살던 동네에는 작은 산이 있었습니다. 가우스도 분명 올랐을 테지요. 저도 가봤습니다만 산 정상에 올랐을 때 제가 무엇을 느꼈을 거 같으십니까?

카를 프리드리히 가우스
(1777~1855)

 아~ 막걸리 한 잔 마시고 싶구나!

 하하(;;) 그 생각도 들긴 했지만… 정답은 아닙니다. 힌트는 제 시야에 들어온 것입니다.

 독일의 산이라니 상상이 잘 안 되는데요. 독일은 왠지 드넓은 평야와 울창한 숲이라는 이미지가 강해서요.

 맞습니다! 독일은 대부분 평지여서 산은 눈에 띄기 마련이지요. 정답은 광활한 평지 너머에 있는 산을 보면서 '여기서 저 산까지의 거리를 재고 싶다!'라고 생각한 것입니다.

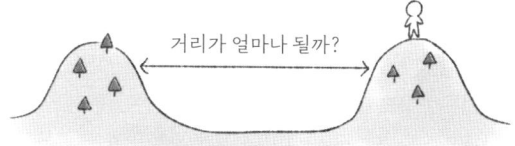

 아니, 잠깐만요. 도대체 누가 그런 생각을 한단 말이죠?!

실제로 정상에 오른다면 누구나 느끼지 않나요?

 (절레절레)

 가우스는 다양한 업적을 남겼는데요, 그중 집대성한 이론이 미분기하학입니다. 미분기하학이란 곡면이나 곡선의 본질을 파악하는 학문입니다. 예를 들면 둥근 모양을 띤 삼차원 면을 종이와 같은 이차원 세계로 표현하는 방법을 확립한 거죠.

 미분기하학…? 삼차원을 이차원으로…?

 어렵게 생각할 것 없어요. 바로 지도입니다. 지구는 원래 둥근 모양이지만 우리가 보는 지도는 지구본을 제외하면 평면이지요. 구글맵, 자동차 내비게이션, 종이로 된 지도 등등 모두 평면입니다. 그런데 이상하지 않나요? 실제로 A 지점에서 B 지점까지 이동한 거리와 평면 지도상에서 자로 잰 거리가 일치하는 게 말입니다.

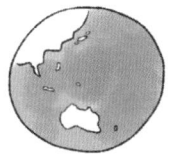
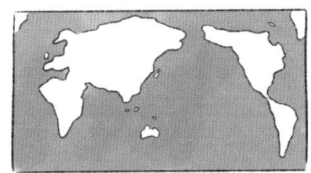

삼차원   이차원

 그게 일치하나요? 재본 적이 없어서… 신기하긴 하네요. 둥글게 굽어 있는 만큼 거리가 좀 더 길어질 것 같은데요.

 그렇죠. 그 변환 방법을 가우스는 정확하게 알아냈습니다. 그래서 그를 근대 수학의 아버지이자 기하학의 아버지, 측량의 아버지 그리고 지도의 아버지라고 하는 거죠.

이해는 잘 안 가지만 천재 또는 많은 이의 아버지라는 사실은 알겠습니다.

 짐작건대, 분명 가우스도 그 산에 올랐다면 제가 보았던 맞은편 산을 바라보면서 '저 산까지의 거리를 재고 싶다!'라고 생각했을 겁니다. 측량하고 싶다는 욕구가 있어서 수학의 세계로 빠져들었고 그것을 기점으로 기하학을 향한 열정도 불타오른 것이 아니었을까요? 덕분에 우리가 구글맵 하나로 전 세계 어디서든 길을 걸을 수 있는 거죠.

 완전 감동적이잖아. 어흐흑….

누구에게나 같은 정보를 전달하기 위한 비책

 여기서 상상력을 발휘해 좀 더 과거로 거슬러 올라가 봅시다. '무언가의 길이를 재고 싶어', '넓이가 궁금해', '부피는 어떻게 알 수 있을까?'처럼 인간이라면 누구나 품을 수 있는 근원적인 탐구 욕구가 생기지 않았을까요. 감각으로 잰 것이 아닌 정확한 숫자로 파악하고 싶었을 겁니다.

 음… 감각은 사람에 따라 제각각이니까요.

 그렇죠. 예를 들어 자동차 내비게이션이 "적당히 직진 후 우회전입니다."라고 안내하거나, 일기예보가 "내일은 조금 더 추워질 전망입니다."라고 알려주고, 옷 치수에 "체격이 약간 건장한 남성용"이라고 쓰여 있다면 굉장히 난감하겠죠.

 그것 참 듣기만 해도 찝찝하네요.

그렇습니다. '잠시, 조금, 약간'이라는 것은 감각치이기 때문에 사람에 따라 달라집니다. 다시 말해 감각으로 전하면 대화에 오류가 생기기 쉽겠죠.

예를 들어 고대인이 집을 짓는다고 가정해봅시다. 우선 나무를 잘라 기둥을 세워야겠지요? 그러면 어느 정도 길이로 잘라야 할지 미리 정해야 할 겁니다. 길이가 일정해야 하니까요. 그때 "A 씨의 키보다 조금 더 크게 하자!"라고 정하고 감각치만으로 온 마을 사람이 총출동해서 나무를 잘랐다면 어떻게 될까요. 길이가 전부 제각각일 것 같지 않습니까?

A씨

 아하….

 혹은 접시가 필요해서 이웃에게 "혹시 나무로 접시 좀 만들어줄 수 있을까요?"라고 부탁한다고 칩시다. 이웃이 이렇게 물어요. "좋아요. 크기는 어느 정도로 할까요?" 그랬더니 "음… 손바닥 2개 정도 크기요!"라고 대답했다간 메인 음식을 담을 큰 접시를 생각했는데 앞접시가 돌아올 수 있겠죠.

   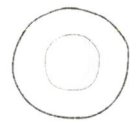

아! 수학을 사용하면 정확하게 전달할 수 있다는 말이네요.

 바로 그겁니다. 똑같은 물건을 만들 수 있다는 재현성과 누가 봐도 동일하다는 객관성이 생깁니다. 바로 이게 "수학이 어디 필요하냐?"라는 질문에 대한 답 중 하나가 될 수 있겠네요. 객관적이기 때문에 고대인이 생각한 법칙, 즉 과제 해결 순서가 중세 시대 학자들에게 그리고 지금의 우리에게까지 대대로 이어져 수학이라는 학문이 발전했고 그 덕분에 다양한 기술에 응용할 수 있게 된 겁니다. 수학이 없었다면 집도 자동차도 텔레비전도 스마트폰도 존재하지 않았을 것입니다.

 감각치만으로는 한계가 있다는 말이군요.

 그렇죠. 사물이 복잡해질수록 한계가 생겨납니다. 그런 의미에서 저는 수학의 기원은 측량과 건축이라고 봅니다. 수학 용어로 말하자면 기하학, 즉 도형을 가리킵니다. '어떻게 잴까?', '어떻게 만들까?'라는 절실함에서 수학이 시작되었을 확률이 높죠.

 대출금 이자 계산하려고 생겨난 건 아니었군요?

 그렇지요. (웃음) 그렇게 도형에 관련된 갈증이 생기고 그때마다 그 시대의 똑똑한 사람이 '와… 이거 해결할 방법 좀 없나?'라며 열심히 연구하고 고민했을 겁니다. 그 결과 삼각형의 성질을 알게 되고 '부피=밑면의 넓이×높이'라는 것도 밝혀내고 원주율을 정의하게 된 게 아닐까요?

✓ 수학은 실생활에서의 응용이 무궁무진한 학문

 생각보다 수학이 여러 분야에 응용되는군요.

 물리학, 화학, 천문학 등을 자연과학이라고 부릅니다. 자연을 다루기 때문에 자연과학이죠. 하지만 이 정의가 명확하지 않아서 "수학은 추상적인 학문이니까 자연과학에 포함되지 않는다."라고 말하는 사람도 있습니다. 하지만 수학을 제대로 이해하고 있다면 이 말이 얼마나 말도 안 되는지 금세 알 수 있죠. 수학이야말로 자연과학의 기본 중의 기본이며 토대입니다. 수학이 없었다면 자연을 관측하는 행위도 불가능했을 테니까요.

 천문학도 수학이라고요?

저 별은 여기서 얼마나 떨어져 있을까?

 단언컨대 수학입니다.
오늘 수업에서 도형의 닮음을 공부하게 되는데 바로 이 닮음이 없으면 별의 위치를 잴 수 없습니다. 하지만 우리는 수학이 우리의 문명을 지탱하고 있다는 당연한 사실을 곧잘 잊어버리곤 하죠.

 아, 아까 물에 표백제를 얼마나 타느냐 하는 문제에서 지진 얘기가 잠깐 나와서 생각난 건데 그럼 수학으로 쓰나미 높이도 계산할 수 있나요?

네. 할 수 있습니다. 솔리톤 이론이라고 파동을 이용해 파도의 움직임을 계산하는 특수한 수학 분야가 있습니다. 국토교통부는 이 이론을 근거로 쓰나미 높이를 계산해서 수치를 산출하고, 실제로 그 수치대로 방조제를 세우고 있습니다.

 헉! 수학이 내 목숨과 직결되어 있었다니…

 정말 그렇습니다. (웃음) 그러고 보면 세상 문제가 전부 수학으로 해결되는 것은 아니지만 적어도 객관적인 기준치는 수학이 아니면 도출할 수 없습니다.

 무엇을 선택할지 정하는 건 인간이지만 하나의 기준은 제시할 수 있군요.

 아! 그렇지. 실용성이라고 하면 약 20년 전에 제가 개발에 참여한 프린터도 있습니다. 좌우로 철컥철컥 움직이는 프린터 인쇄 부분의 떨림을 최소화하기 위해 솔리톤 이론을 사용했죠.

 우와!! 굉장한데요?

이렇듯 편리한 세상을 위해 노력하며 고된 연구를 이어 가는 분들이 정말 많습니다. 단지 우리 눈에 보이지 않아서 잘 모를 뿐이죠. 하지만 수학을 열심히 공부하다 보면 이런 세상이 보이기 시작할 겁니다.

저 이것만으로도 갑자기 세상이 확 넓어지는 느낌이에요. (기분 탓인가?)

조금 더 수학에 발을 들이면 "세상의 원리원칙을 객관적으로 파악해 갈 수 있구나!"라는 감동을 느낄 겁니다. 분명 즐거울 거예요.

✔ 수많은 거인의 지혜로 더 빨리 해답에 도달하기

음… 수학의 실용성은 잘 알겠지만, 역시 처음부터 다시 배우려니 부담스러운데요. 뼛속까지 문과형이라서요. 하하.

괜찮습니다. 과거 훌륭한 수학자들이 우리에게 귀중한 재산을 물려줬으니까요. 제가 좋아하는 글귀 중에 "Stand on the shoulders of giants.(거인의 어깨 위에 선다)"라는 말이 있습니다. 이 말은 만유인력의 법칙으로 유명한 아이작 뉴턴이 한 말인데요. "당신은 어떻게 이런 굉장한 발견을 했습니까?"라는 질문에 뉴턴은 "저는 거인의 어깨 위에 서 있었기 때문에 먼 곳까지 한눈에 보였을 뿐입니다. 대단한 것은 제가 아니라 과거 수학자들입니다."라고 대답했습니다.

아니, 이렇게 겸손할 수가! 나라면 목에 깁스라도 한 것처럼 다닐 텐데. (웃음)

과거 위인들의 천재적인 발상과 노력 덕분에 인류는 계속해서 새로운 것을 배우고 발견해왔습니다. '인류의 지혜는 차곡차곡 쌓아 올린 것'이라는 말이죠.

제가 어린아이였을 때와 비교해도 지금은 정말 편리해졌습니다. 스마트폰으로 무엇이든 찾을 수 있고 자동으로 청소해주는 로봇 청소기에, 자동으로 운전하는 무인 자동차도 개발되고 있죠. 하지만 이 모든 게 현대인들만의 기술이 아니란 거군요.

아주 오래 전부터 많은 사람들이 노력한 덕분에 지금의 쾌적한 세상이 있다는 사실을 잊어서는 안 됩니다. 무엇보다, 매번 처음부터 배운다면 끝이 없습니다. 문명은 절대 진보할 수 없겠지요. 그러니 예전 사람들이 발견해 준 지식을 감사한 마음으로 익히고, 목표에 더 가까운 출발선에 섰다는 마음으로 지금 자신의 시대에서 복잡한 문제를 해결해 가야 합니다.

이어달리기로 치면 일종의 '지혜의 바통'을 받아서 넘겨주고 있는 셈입니다. 이 점이 인간의 강점이기도 하지요. (웃음꽃 활짝)

위인에게 바통을 받는 행위가 공부고, 그 바통을 사용해서 새로운 과제 해결에 도전하는 것이 '연구, 개발, 사고'라는 말씀이시군요. 한마디로 눈치 보지 말고 당당하게 지름길로 가라는 말씀이지요?

 네. 아주 당당하게 가세요. 중학교 수학에서 배우는 이차방정식과 피타고라스 정리도 '거인의 어깨를 좀 빌려 볼까?'라는 생각으로 잽싸게 이용해 버리자고요.

 오홋! 편리한 것은 일단 이용하고 보자. 그럼 내가 올라서려면 부모라도 냉큼 이용하라는 말이군요.

 아… 그건 좀….

COLUMN

나의 이과형 에피소드 - 소년 대박사의 취미

수학으로
현실 문제에 맞서자!

혹시 '이과=머리가 좋을 것 같다'라는 이미지가 있지 않나요? 머리가 좋아야 이과로 가느냐, 이과로 가면 머리가 좋아지느냐 하는 문제는 일단 제쳐 두고 이번엔 수학 문제로 두뇌를 단련할 수 있다는 것에 집중합시다. 일명 '사고 체력'이라고 합니다.

✓ 사실 문과도 논리를 사용하고 있다?

수학이 원래 실생활에 뿌리를 둔 학문이라는 것은 잘 알겠습니다만 저는 암산이 영 서툴러서 간단한 사칙연산도 바로바로 나오질 않거든요. 물건을 산다든가 할인율을 계산한다든가 할 때마다 수학과 담쌓은 것을 왕후회합니다.

아닙니다. 수학과 암산은 전혀 관계없습니다.

네? 관계없다고요?

왜냐면 제가 아는 수학자 중에는 나눗셈에서 우물쭈물 헤매는 사람도 있는걸요. (웃음)

한 사람당 얼마지? 고명한 수학자

"자네, 수학자 아닌가. 그것도 대수(代數-수와 식)가 전공이면서!"라고 모두 웃으면서 놀리면 "그게, 나는 n차원은 자신 있는데 일차원, 이차원에는 약해서 말이지."라고 변명합니다.

의외인데요! 뇌의 사용하는 부분이 달라서인가요?

음… 뭐라고 할까요. 암산이 빠른 것은 일종의 특수한 능력이라서 빨리 푸는 비결을 습득한 것뿐입니다. 예를 들면 주산을 배운 사람은 머릿속에서 주판을 튕기기 때문에 암산이 빠르고, 회사에서 숫자를 매일 보는 사람은 큰 금액을 슬쩍 보고도 바로 '천만 원이네'라고 알 수 있는 거지요.

아, 그러고 보니 그렇네요!

비결을 안다고 어려운 문제를 풀 수 있느냐 하면 그렇지 않습니다. 수학자가 순식간에 계산해서 답을 내놓는 사고를 하면 틀림없이 어딘가에서 실수를 하게 됩니다. 오히려 돌다리도 두드리고 건너는 신중한 사람이 수학자로서 성공합니다.

수학에서 중요한 것은 계산의 신속함이 아닌 치밀함이군요.

맞습니다. 수학에서는 '진득하게 생각하는 느린 사고'가 중요합니다.

 하나하나 음미하면서 단어를 선택하는 일과 비슷하지 않을까요. '이 한마디에 상대는 어떻게 반응할까?'라거나 '여기서 예스라고 할 수 있는 근거가 있을까?' 같은 것을 곰곰이 생각하는 거죠. 제가 글을 쓸 때와 비슷한 경우라서 바로 이해됩니다.

 네. 맞습니다. 언어도 수학도 기본은 논리이기 때문입니다. "좋은 아침입니다~"라는 인사 하나만 봐도 그렇습니다. 머릿속에서 '오전 10시지만 아직은 아슬아슬하게 아침이야.'라거나 '직장 상사니까 뒤에 '입니다'를 붙이지 않으면 안 좋게 보겠지?'라는 생각을 하게 되지요. 이런 생각들도 논리에서 끌어낸 것입니다.

 그러고 보니 대학 입시 내용도 바뀌고 있다고 들었습니다. 지식을 통째로 암기하기보다 사고력과 판단력, 표현력을 중시하는 서술형 문제가 늘어난다고 하더군요.

 그렇습니다. 그래서 이제부터는 공식을 달달 외우기보다 의미를 이해해서 논리적으로 사고하는 것이 중요합니다. 문과라서 논리에 약하다고 말하는 사람이 있는데 논리를 '말(자연 언어)'로 쓴 것이 국어이고 '기호'로 쓴 것이 수학일 뿐입니다. 수학 수업에서 배우는 공식은 감각적으로 보면 언어를 익히는 것과 같습니다.

역시. 문과, 이과 모두 설명의 밑바탕에 있는 논리는 같고, 다른 점은 어떤 언어를 사용하는가라는 것뿐이군요.

✔ 똑똑함의 정체는 바로 사고 체력

 하지만 역시 수학을 잘하는 사람은 머리가 좋다는 이미지가 있습니다.

 흠…. 그렇군요. 그렇다면 머리가 좋다는 것은 무엇을 의미한다고 생각하나요?

 음… 논리적 사고력이 뛰어난 이미지라고나 할까요.

 하지만 논리적 사고력을 가지고 있는 사람은 문과 중에도 꽤 있습니다. 다만 수학을 공부하면 논리적 사고를 익히기 쉽다고 할 수 있겠지요. 좀 더 근본적으로 접근해보겠습니다. 논리적 사고력은 무엇일까요? 알 듯 말 듯 아리송하지 않나요?

 아… 정말 그러네요.

 저는 사고 체력이라는 말을 자주 하는데 '머리가 좋다 = 사고 체력이 있다'라고 생각합니다. 이러한 사고 체력을 저는 여섯 가지로 분류합니다.

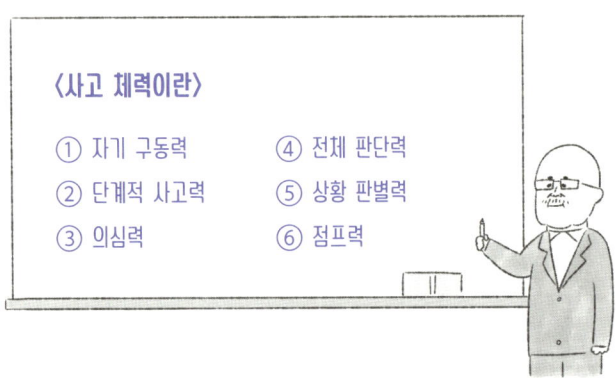

우와. 이것들을 모두 충족해야 머리가 좋다는 말인가요?

그렇습니다. '머리가 좋다'는 한마디에 실은 이렇게 다양한 종류가 포함되어 있습니다. 이것들을 두루 갖추고 있는 사람이 복잡한 과제를 해결할 수 있겠지요.

그런가…? 그렇다면 수학으로 사고 체력을 단련할 수 있다는 말인가요?

네. 맞습니다. 특히 수학은 ② 단계적 사고력을 강하게 단련할 수 있습니다. 단계적 사고력이란 'A라면 B, B라면 C, C라면 D…'로 사고한 결과를 계속해서 쌓아 올리면서 답을 찾을 때까지 포기하지 않고 끊임없이 생각하는 힘입니다.

일상생활에서는 많으면 2단에서 3단 정도까지만 생각하고 거기서 사고를 멈춥니다. 하지만 수학은 10단, 15단 정도는 거뜬하게 올라가야 하지요. 단계적 사고력은 복잡한 문제를 풀 때 절대 빼놓을 수 없는 힘입니다.

 이게 바로 논리적 사고력에 가깝다는 이야기네요.

 그렇지요. "그 사람은 논리적이야."라는 말은 그 사람이 논리를 능숙하게 쌓을 수 있다는 의미이기도 하니까요. 수학을 공부하면 단계적 사고력을 기를 수 있기 때문에 국어 독해력도 단연 향상됩니다.

 논리로 밀접하게 연관되어 있군요!! 그렇다면 아까 제가 젖병 소독액을 아마존에서 지른다고 했던 것은 몇 단 정도 되나요?

 솔직히 말해서 1단 정도…? (들릴 듯 말 듯)

☑ 사고 체력으로 전대미문의 과제를 풀어 보자

 지금부터 여섯 가지 사고 체력을 하나씩 설명하겠습니다.

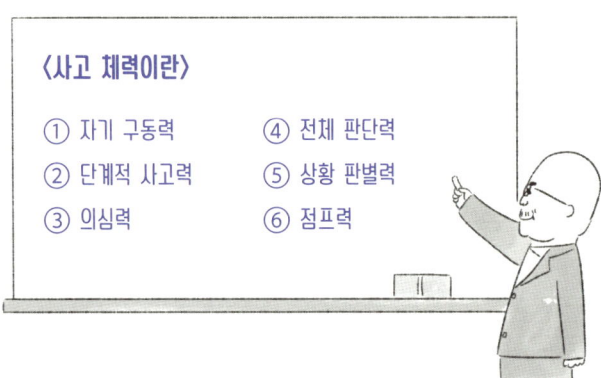

〈사고 체력이란〉
① 자기 구동력   ④ 전체 판단력
② 단계적 사고력   ⑤ 상황 판별력
③ 의심력   ⑥ 점프력

 네. 잘 부탁드립니다!!

 ① 자기 구동력은 다시 말해 사고의 엔진입니다. 인간은 궁금하고 해결하고 싶은 욕구가 강할수록 필사적으로 생각합니다. 그다지 알고 싶지 않다면 깊게 생각할 필요가 없겠지요.

 그러고 보니 저도 평소에 관심 있는 주제에 대한 글을 쓸 때는 다른 때보다 머리를 더 많이 썼던 것 같습니다.

 분명 그럴 겁니다. 그래서 수업 전에 수학은 무엇 때문에 배우는지 목적을 우선 제시해서 학생들이 자발적으로 시작하게 만드는 것이 중요합니다.

 저를 포함해서 수학과 친하지 않은 사람은 수학이 나와 관련 없다고 생각하는 경향이 있으니까요.

나와 관련된 일이 되려면 자신이 흥미 있는 것을 계기로 수학과 친해지면 됩니다. 게임, 아이돌, 스포츠, 드론 무엇이든 좋습니다. 거기서 수학으로 이어지려면 주위 어른의 도움이 필요하겠지만요. 야구를 좋아하는 아이에게 "외야 뜬 공이 날아왔을 때 공이 떨어지는 위치를 이차함수로 알 수 있단다."라고 알려주는 것처럼 말이죠.

오~ 좋은 방법인데요? 의욕이 불끈 솟아날 것 같습니다.

그리고 다음은 ② 단계적 사고력으로, 방금 말했듯이 끈질기게 생각을 이어 가는 힘입니다.

사고의 지구력 같은 거네요.

네. 맞습니다. 집중력이나 의지, 근성이 있는 사람이 유리하긴 하지만 중학교 수학을 열심히 공부하면 충분히 단련할 수 있습니다. ③ 의심력은 자신이 도출한 답과 해석이 정말 옳은지 자신의 판단과 답을 의심하는 힘입니다. 머리 한쪽에서 냉철하게 의심력을 발휘하면 계산 실수 등이 확 줄겠지요.

이건 어른에게도 유용할 것 같습니다. 원래 자신이 해결하려고 한 과제가 해결할 만한 가치가 있는지, 회사에서 관습적으로 하는 행동이 시대에 부합하는지 등은 생각할 가치가 있으니까 꽤 보편적인 힘이겠네요.

그렇지요. 다음으로 ④ 전체 판단력은 하늘을 나는 새의 시선처럼 사물의 전체를 파악하는 힘을 가리킵니다. 전체를 바라보는 습관이 잡히면 중요한 것을 놓치는 일이 줄어들겠지요. 예를 들면 방학이 끝나가는데도 방학 숙제를 안 한 아이는 전체적 흐름을 읽지 못하고 당장 노는 일에 정신이 팔려서 개학 3일 전에 엉엉 우는 일이 생기는 겁니다.

 그건 제 얘기 아닌가요? (회한의 눈물) 어! 그런데 이게 수학 문제를 풀 때도 필요한가요?

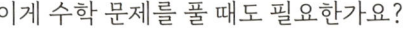

 물론입니다. 저도 단계적 사고로 10단 정도 오르고 나서 가끔 '어? 내가 뭐 하려고 이렇게 열심히 했더라?'라고 생각한 적이 있습니다. (웃음) 그럴 때 목적(전체)을 떠올리게 하는 것이 전체 판단력입니다.

 선생님도 깜빡하는 것이 있네요! (씨익)

 쿨럭…. 흠흠…. 다음으로 넘어가죠. ⑤ 상황 판별력은 복잡한 과제에서 선택지가 너무 많을 때 정확하게 판단하는 힘입니다. 수학 문제를 풀 때 수학의 어떤 도구를 사용하면 빨리 풀 수 있을지 판단하는 경우에 사용됩니다.

⑥ 점프력은 번뜩임이라고 해도 좋지 않을까요. 단계적 사고를 아무리 거듭해도 정답에 도달하지 못할 때가 있습니다. 그럴 때 '아니? 이 방법으로???' 같이 불현듯 머리를 스치고 지나가는 엉뚱한 발상으로 과제가 해결되는 일도 있지요.

그러고 보니 제가 취재로 만나 이야기를 나눈 벤처 기업 경영자가 굉장히 아이디어가 번뜩이는 사람이었는데, 이럴 때 '점프력이 탁월했다'고 표현하면 되겠군요.

 그렇지요. 하루가 다르게 변하는 현대 사회에서는 사고 체력을 두루 단련해야 하며 이를 위한 최적의 수단이 바로 수학입니다. 예를 들면 우리는 저출산 고령화라는 과제를 해결해야 하지만 이것은 인류가 미처 경험하지 못한 전대미문의 상황이지요. 이런 과제는 사고 체력을 총동원하지 않으면 해결할 수 없습니다.

✔ 지금 시대에 필요한 사고 체력은 중학교 수학으로 단련할 수 있다!

 그렇게 하기 싫어 발버둥치던 수학이 과제를 해결하는 최강의 무기이자 사회인으로서 꼭 필요한 사고 체력을 익히기 위한 두뇌 훈련이었다니. 알았더라면 진작 더 해볼 것을…

 아직 후회하긴 일러요. 더 놀라운 게 남아있으니까요. 사실 일반적인 성인이 유용하게 써먹으려면 거의 중학교 수학 레벨만으로도 충분합니다.

 네에?! 선생님은 왠지 보기만 해도 어질어질한 이런 종류의 수식만 사용할 거라 생각했는데요.

보는 것만으로 현기증 나는 수식

$$\oint \frac{ds}{2\pi i}\left(\frac{G(s)}{s^{1/r}-1}\right)^M = \sum_{x_1,\dots,x_M} \prod_{\mu=1}^{M} h(x_\mu) \delta\left(\sum_\mu x_\mu - (L-M)\right)$$

※실제로 대박사 선생님이 세운 식입니다.

그렇지 않습니다. 제가 평소에 사용하는 식도 대부분이 이차방정식인걸요. 조금 극단적으로 말하자면 중학교 수학을 끝내면 우리가 공부해야 할 것이 반 이상 끝납니다. 고등학교 수학도 물론 써먹을 데가 있지만 유용한 경우가 따로 있지요.

 그럼 다시 공부할 것은 거의 중학교 수학뿐이라는 말씀인가요? 대학 교수님에게 가슴이 확 트이는 소중한 말씀을 하사받았습니다! 이제야 희망이 조금씩 보이기 시작했습니다. (감격의 눈물 펑펑)

✔ 인공지능에 맡길 게 따로 있지!

 그럼 이제 슬슬 본격적인 수학 수업으로….

 아니, 아니. 아직 안 됩니다! 잠깐만 기다려 주세요.

 (아직도 마음의 준비가…) 네. 왜 그러시죠?

 지금 하신 말씀을 모르는 바는 아니지만 요즘은 스마트폰 음성 인식 서비스부터 인공지능 스피커 같은 AI(인공지능) 기기가 자꾸 쏟아져 나오고 있지 않습니까? 나중에 딸아이가 커서 학교에서 수학을 배울 때 "이런 거 AI한테 맡기면 되잖아! 아빠는 구식이야!"라고 하면 어떻게 대답해야 할까요. (눈물 줄줄)

 상당히 어려운 질문이네요. 하지만 AI가 인간의 일을 대신 해주는 시대가 온다면 인간은 더욱더 의식적으로 사고 체력을 갈고 닦아야 합니다.

AI가 대신해주는데요?

 자동차만 운전하는 사람은 허리와 다리가 약해지는 것과 같이 사고하지 않으면 뇌는 퇴화합니다. 그래서 인간은 더욱더 배움과 사고를 게을리하지 말고 뇌에 부하를 걸어야 합니다. 특히 한창 자라고 배우는 시기에 말이죠.

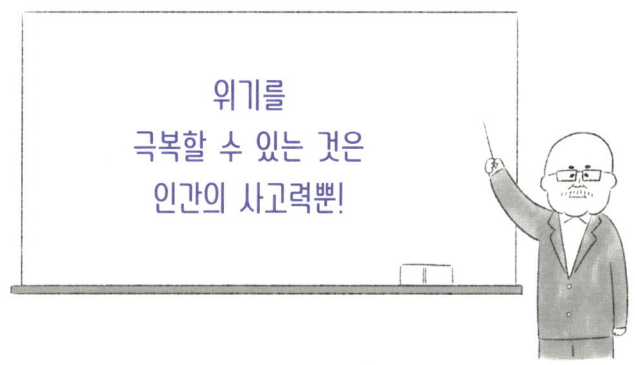

 머리를 쓰지 않으면 사고 체력도 점점 쇠퇴한다는 말이군요.

 그렇지요. 한 예로 매스매티카(Mathematica)라는 편리한 수식 처리 소프트웨어가 있지만, 우리 대학에서는 학생이 3학년이 될 때까지는 사용을 금지합니다.

 네? 설마…. 시건방진 학생들의 버릇을 고치려고?

 하하하. 설마요. 그렇게 하지 않으면 사고 체력, 특히 단계적 사고력을 단련할 수 없기 때문입니다.

 역시…(단순 학대라고 생각했다)

만약 학교 과제를 전부 AI에게 맡겨 버리면 인간의 뇌는 점점 퇴화하겠지요.

 그 말은 미래에는 '경제 격차'가 아닌 '사고 체력 격차' 같은 것이 생길 수도 있다는 말인가요?

 그럴 수도 있겠지요. 아무 생각도 하지 않고 컴퓨터에 의존해 살아갈 것인지 사고라는 무기를 몸에 지니고 혁신자로 살아갈 것인지가 인생의 분기점이 될 것입니다. 결국 AI도 인간이 프로그래밍해야 작동하니까요.

 AI에게 이용당할 것인가, AI를 자유롭게 다룰 것인가. 저는 다루는 쪽이 되고 싶습니다! 지금부터 시작하는 수학 수업으로 사고 체력을 충분히 단련하겠습니다!!

2일째

중학교 수학을 가장 빠르고 가장 짧게 배우자!

수학은 크게 세 가지로 나뉜다

성인이 수학을 다시 공부하려면 무작정 배우는 것보다 목표를 정해 공부하는 편이 훨씬 수월합니다. 달리기 전에 우리가 목표로 삼는 수학의 목적지가 어딘지 정해봅시다.

✓ 수학은 크게 수와 식, 그래프, 도형으로 나뉜다

자, 오늘 드디어 본격적인 수업에 들어가는군요. 먼저 수학이 전체적으로 어떻게 이루어졌는지 설명해도 되겠습니까?

네. 꼭 알려 주세요! 어디를 향하고 무엇을 배우는지도 모르는 채 시작하면 불안할 것 같습니다.

그렇지요. 우선 수학이라는 학문의 큰 테두리를 정리해보겠습니다. 수학은 크게 세 가지로 나뉩니다.

수학은 3가지로 나뉜다.

- 대수(algebra) ➡ 수와 식
- 해석(analysis) ➡ 그래프
- 기하(geometry) ➡ 도형

아하, 세 가지군요. 그것조차 몰랐습니다.

 대수(代數)는 수와 식을 다룹니다. 해석(解析)은 간단히 말해 그래프의 세계로 x축과 y축이 있고, 거기에 곡선이 그려지는 영역입니다. 중학교에서는 함수로 배웁니다. 그리고 마지막으로 기하(幾何)는 도형을 가리킵니다.

초등학교에서는 이 세 가지 분야의 경계가 뒤죽박죽이지만 중학교부터 조금씩 경계가 드러나기 시작해서 고등학교에 들어가면 착착 나뉘는 느낌이랄까요.

 우와! 태어나서 처음 듣는 소리예요!!

 수학은 측량과 관계있는 '기하'와 지식을 가르치는 산술로서 '대수'가 탄생했고 그 후에 해석이 생겼습니다.

✓ 이것만 짚고 넘어가도 이득!! 수학 최강의 무기, 이차함수

 시초는 인간 생활과 연관이 깊은 넓이나 형태, 입체 같은 도형이고 거기서부터 수학이 발전되어 왔다는 사실은 어느 정도 알겠습니다. 즉, 도형과 관련돼 생겨난 수요가 수학을 진화시켰다는 말씀이시죠?

 적어도 저는 그렇게 생각합니다. 그리고 중고생쯤 되면 각 분야의 목적지가 드러납니다.

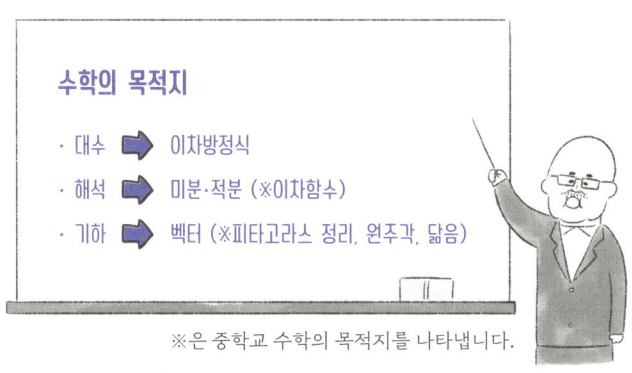

※은 중학교 수학의 목적지를 나타냅니다.

이 세 가지가 과거 위인들이 우리에게 물려준 최강의 무기입니다.

 그러고 보니 중·고등학생 때 배운 것들이네요.

 맞습니다. 특히 미분·적분은 인류가 만들어 낸 최고의 지혜라고 할 수 있습니다!! (무아지경)

 아… 그게 저는 미분·적분에서 본격적으로 수포자의 길로 들어서서….

 (아무 소리도 들리지 않음) 그래서 말이죠! 이 세 가지를 자유자재로 다룰 수 있게 되면 수학이 재미있어지고 여러 가지 과제를 거침없이 풀 수 있게 되는 겁니다.

 저… 선생님? 안 들리세요?

 아, 참고로 얼마 전 모 회사 개발자와 이야기를 나누었습니다만 중학교 수준의 수학만 사용해서 의논했었지요.

 엥? 그 정도라고요?!

의견을 조율하면서 종이에 그래프를 쓱 그리고 "됐어요, 이렇게 갑시다."라고 결정하면 비로소 제대로 된 계산을 시작합니다. 그때 사용하는 것도 이차함수 정도고요.

그렇다면 중학 수학을 제대로 해 두면 상당히 쓸모 있는 무기를 손에 넣는 거네요!

고등학교 때 미분·적분에서 헤맸다는 것은 결국 중학교 이차함수를 제대로 이해하지 못했다는 말입니다. 벡터도 마찬가지랍니다.

이차함수와 이차방정식을 이해하지 못하면 미분·적분도 벡터도 도중에서 막혀 버리고 마니까요. 최종적으로 이 세 가지를 이해하면 어떤 연구라도 시도해볼 만합니다. 대학 수학은 이것들을 좀 더 자세하고 복잡하게 했을 뿐이죠. 제가 가장 강조하고 싶은 점이 바로 이 부분입니다!

목적지가 확실히 정해진 데다 세 가지뿐이라… 넘어야 할 산이 조금은 낮아진 느낌입니다.

✔ 성인에게 필요한 수학적 사고는 중학교 수학으로 단련할 수 있다

다시 말해 일상생활에서 요구되는 수학적 사고는 중학교 수학만으로 충분히 기를 수 있기 때문에 이번 수업에서 간단히 해치워 버립시다!

아아… 해치워 버린다…. (의심의 눈초리)

저만 믿으세요. 중학교 수학을 최단 시간에 재학습해서 수학 감각을 되찾으면 고등학교 수학도 간단히 끝낼 수 있답니다!

 중·고등학생 시절 내내 혼돈의 카오스 상태였던 저도요?

 그럼요. 자 이제 중요한 엑기스만 쏙쏙 뽑아서 수학의 기초가 되는 중학교 3년 분량의 수학을 대여섯 시간에 싹 끝내 버립시다!

앞서 말했듯이 수학이 서툰 사람은 수학의 의미를 이해할 수 없는 데다 목적지가 어딘지도 모른 채 매일같이 이어지는 수업이 높은 벽처럼 느껴졌을 겁니다.

 맞습니다. 그 답답함을 견딜 만한 인내력이 저는 없었죠.

 여기 중학교 1학년 교과서가 있습니다만 목차를 보면 알 수 있듯이 이 세 가지 분야(+그 외)를 잘게 나눈 단원을 조금씩 배워 나갑니다.

• 중학교 1학년 수학에서 배우는 단원

대수	〈양수와 음수〉 양수·음수 양수와 음수의 덧셈, 뺄셈 덧셈과 뺄셈이 섞인 계산 양수와 음수의 곱셈, 나눗셈, 거듭제곱 사칙연산, 분배법칙	〈문자식〉 문자식 표현 방법 대입·식의 값 문자식 계산(덧셈, 뺄셈) 문자식 계산(곱셈, 나눗셈) 원주율 관계를 나타낸 식	〈방정식〉 방정식 풀이 방법 여러 가지 방정식 비례식 서술형 방정식 풀이 방법 빠르기 비율

해석	〈함수〉 함수 정비례 반비례 좌표 정비례 그래프 반비례 그래프	기하	〈평면도형〉 도형(용어와 기호) 도형의 이동 작도 1 작도 2 작도 3 원과 부채꼴 부채꼴의 호, 넓이	〈공간도형〉 평면과 직선의 위치 관계 입체도형의 부피 입체도형의 겉넓이

그 외	〈자료 정리〉 도수 분포 범위와 대푯값 근사치

※실제 교과서 목차와는 다름

아! 진짜다! 이쪽이 대수, 여기는 함수, 끝부분에 기하가 있네요.

일단 이런 순서에는 이유가 있지만, 그건 책을 만든 사람의 생각이라 받아들이는 쪽에서는 이유를 알 리가 없습니다. 설명도 없이 수업이 진행되면 '이건 왜 하는 거야?', '대체 어디를 향하는 거지?'라고 생각하게 마련입니다.

이유도 목적도 모른 채 어딘가로 끌려가고 있는 기분이죠… 그 기분 잘 알아요.

그러니 좌절할 수밖에요. 맨 처음 수학의 목적지를 보여 주고, 마지막으로 여기에 도달하는 것이 목표다. 그리고 지금부터 하는 것은 목적지에 가까워지기 위한 첫걸음이라고 알려 주면 좋겠지요. 그렇다면 자신의 현재 위치가 항상 보이기 때문에 안심할 수 있을 겁니다.

 그러면 시작은 감각적으로 목적지가 알기 쉬운 도형부터 배워 가면 안 되나요?

 그 점이 고민이긴 합니다. 하지만 대수(수와 식) 지식이 없으면 해석이나 기하에서 풀 수 없는 부분이 생겨 버리거든요. 대략 이렇게 된다는 이미지는 그려지지만 '그렇다면 정확한 수치는?'이라는 질문에 대한 답은 대수를 사용해서 구할 수밖에 없습니다.

 '대충 이 정도면 되겠지?'라는 생각으로 교각 공사를 하면 어떻게 될지 상상하니 아찔한데요.

 그렇지요? 그래서 저도 대수(수와 식), 해석(그래프), 기하(도형) 순서로 수업을 진행하겠습니다.

✔ 최단 경로는 목적지에서 거꾸로 내려오는 것

 이번에 배우는 중학교 수학의 목적지가 어디였죠?

 우선 대수의 목적지는 이차방정식입니다. 너무 중요해서 중학교 수학 전체의 목표라고 말할 수 있습니다. 이 목표를 달성하기 위해 제곱근, 음수와 같은 대수의 문법을 배워 가는 겁니다.

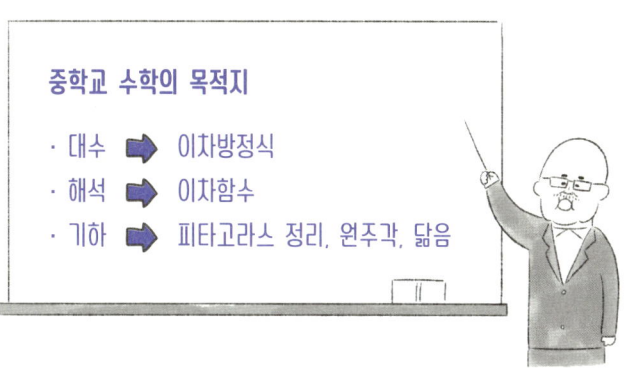

우와, 제곱근이나 음수가 이럴 때 필요하군요. 목적과 수단을 보니 훨씬 이해하기 쉬워졌어요.

해석에서 목적지는 이차함수로, 교과서에서 말하는 포물선입니다. 단, 중학교 해석은 맛보기 수준입니다. 초등학교에 이어 정비례, 반비례를 다루고 중학교 3학년이 되면 단순한 포물선을 그려 보고는 끝입니다. 그래서 이 수업은 눈 깜짝할 사이에 끝나 버립니다. (웃음)

이렇게 감격스러울 데가!

그리고 기하에서는 피타고라스 정리, 원주각, 닮음 이 세 가지가 중요합니다. 이것들은 모두 건축에서 빠질 수 없습니다. 건축가는 닮음을 이용해서 미니어처 모형을 만들고 피타고라스 정리로 직각이 필요한 집을 지을 수 있습니다. 이런 지식은 기하의 최종 목적지인 벡터로 이어지고 그중 일부는 미분·적분에도 이용됩니다. 게다가 여기에서도 이차방정식을 사용합니다. 이차방정식이 꽤 중요하죠.

선생님, 이거 너무 이차방정식 몰아주기 아닙니까?

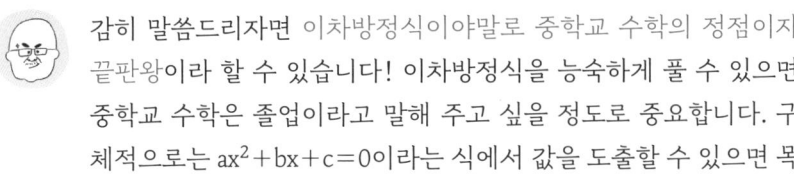
감히 말씀드리자면 이차방정식이야말로 중학교 수학의 정점이자 끝판왕이라 할 수 있습니다! 이차방정식을 능숙하게 풀 수 있으면 중학교 수학은 졸업이라고 말해 주고 싶을 정도로 중요합니다. 구체적으로는 $ax^2+bx+c=0$이라는 식에서 값을 도출할 수 있으면 목적지에 도달했다고 할 수 있습니다.

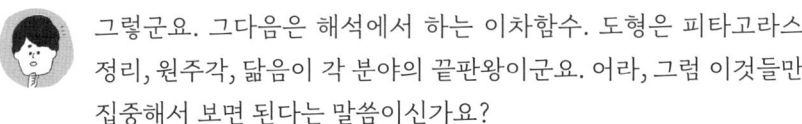
그렇군요. 그다음은 해석에서 하는 이차함수. 도형은 피타고라스 정리, 원주각, 닮음이 각 분야의 끝판왕이군요. 어라, 그럼 이것들만 집중해서 보면 된다는 말씀이신가요?

정확합니다! 따라서 해야 할 것은 한정되어 있고 그 외에 자잘한 제곱근이나 음수, 분배법칙은 이런 끝판왕들을 물리치는 데 필요한 아이템 모으기에 불과합니다.

갑자기 눈앞의 벽이 낮아진 느낌입니다. 게다가 버릴 게 없네요.

 지식을 차근차근 쌓아 올리는 학습 방식도 어느 정도 효과는 있겠지만, 냉정하게 따지면 그런 방식에 따라오는 학생의 인내심이 상당하다고 할 수 있겠지요.

 인내심 없던 학생 바로 여기 있습니다!!

 (웃음) 그래서 동기 유발과 이해를 높인다는 의미에서도 중학교 1학년 수학 교과서 가장 앞 장에 이차방정식을 떡하니 써 놓고 '이것이 바로 끝판왕입니다. 이 녀석을 중학교 졸업하기 전에 물리칩시다!'라고 확실히 알려 준 뒤 짧은 시간에 공략하도록 하는 것이 가장 좋은 방법이라고 생각합니다.

✔ 중학교 수학 교과서에서 필요한 것은 고작 5분의 1?

 그렇지만 중학교 수학은 3년에 걸쳐서 하는데요….

 아니 아니, 최단 경로로 가면 3년이나 필요 없습니다!! 저라면 중학교 1학년에서 3학년까지의 교과서 내용 중 5분의 4는 생략할 수 있습니다. 그 시간은 유사 문제를 푸는 데 허비하는 시간일 뿐. 솔직히 말해서 쓸데없습니다. (모기 목소리)

 단순한 아이템 모으기인데 연습문제만 줄기차게 풀리는군요.

 네. 그렇죠. 그런데다 터무니없는 예외 문제가 너무 많습니다. 실제로 그런 예외는 수학을 매일 사용하는 저조차도 2년에 한 번 정도밖에 만나지 않습니다. (웃음)

엥?! 너무 적잖아! 그럼 좀 더 강약을 조절해야겠네요?

 바로 그거죠! 목적지에 도달하는 비결을 가르치고 그 외 자잘한 것들은 필요에 따라 조금씩 다시 해나가면 됩니다. 기본 구조가 머리에 들어와야 공부하기 쉬워지니까요! 저는 이것이야말로 가장 빠르고 가장 짧은 공부법이라고 확신합니다.

COLUMN
대박사 선생님, 요리를 말하다

중학교 수학에서 경험하는 중요한 사고

수학의 의미와 지향해야 할 목표를 배운 후, 'x(엑스)'를 익혀서 수학의 수준을 높입시다.

✓ 모르는 것은 모른다고 받아들이면 편하다

 수학의 전체상을 파악하기 위해 중요한 이야기를 조금만 더 하겠습니다.

 마음에 여유가 생겨서 어떤 이야기라도 좋습니다.

 그렇습니까! (웃음꽃 활짝) 그럼 다시 고대로 시간을 돌려 볼까요. 어떤 사물을 보면서 '길이를 재고 싶은데 어떤 순서로 생각하면 좋을까?'라고 골똘히 생각한 사람이 있었습니다. 생각하는 방법을 생각했다고나 할까요. 그러던 어느 날 무언가 번쩍 떠올랐습니다. '길이를 모른다…. 모르는 것은 어쩔 수 없으니 일단 x(엑스)로 둘까?'라고 말이죠. 실은 이 x가 새로운 문명으로 향하는 문을 활짝 열었지요. 그 영향력은 산업혁명이나 정보혁명에 비할 바가 아닙니다. 그래서 말이지요….

 선생님, 선생님, 잠깐만요! 이야기를 따라갈 수가 없습니다!

어이쿠, 이거 실례. 저도 모르게 흥분해버렸네요. (웃음) 중학교 수학에서도 방정식의 x는 어느 날 갑자기 등장합니다만 저는 이 x를 세기의 위대한 발견이라고 생각합니다.

 그 정도인가요?

 평소 알 수 없어서 골치 아픈 것이 있나요? 무엇이든 좋습니다.

 아내의 기분입니다. (즉답)

 하…. 영원한 숙제지요. 얼른 해결하도록 합시다. 그렇다면 부인의 기분과 인과관계가 있는 요인은 뭘까요? '이럴 때는 기분이 좋아 보인다.'라고 느끼는 때가 있다면요?

 음…. 그러고 보니 직장에서 스트레스를 받았을 때와 맛있는 걸 먹었을 때에 크게 크게 좌우되는 느낌이 듭니다. 거의 반반 비율로요.

 이거 너무 알기 쉬운데요. 하하. 이제는 그것을 수학답게 식으로 나타내 봅시다. 모르는 것을 x로 두면 되니까 부인의 기분을 x로 하겠습니다. '기분이 어떨까?'라는 생각만으로 알 수 없다면 일단 잊어버리는 겁니다. 그리고 다음으로 x를 사용해서 식을 세웁니다. 식을 세운다는 것은 재현성 있는 패턴을 생각하는 것이라고 이해하시면 됩니다.

부인의 기분은 다음 식으로 나타낼 수 있습니다.

$$X = 직장 내 스트레스 + 식사의 만족도$$

앗! x 이외의 요소를 충족시키면 되는 거네요. 그러니까 '일은 잘돼 가?'라거나 '오늘 점심에는 뭐 먹었어?'라고 물어봐서 양쪽 다 괜찮으면 기분이 좋은 상태라고 판단할 수 있다는 거죠.

 네, 바로 그겁니다! 실제로는 이렇게 간단하지 않겠지만 '모르는 것은 일단 x로 두고 식을 세운 후 그 식을 가지고 이리저리 궁리해서 답을 낸다'는 발상이 왜 중요한지는 이해가 되나요?

 확 이해가 됩니다. x는 중학교 수학에서부터 나왔던가요?

 네. 그렇습니다. 모르는 것을 x로 두는 수학의 저력은 중학교 때부터 경험할 수 있습니다. 방정식을 만들고 정해진 순서대로 배우면 누구나 기계적으로 답을 구할 수 있다는 것은 사실 굉장히 획기적이며, 여기에 대수 분야의 본질이 있습니다.

 그렇지만 x와 y가 나오고부터 수학을 외면한 사람도 있습니다. 이를테면 저 같은….

 그렇지요. 하지만 x는 단순한 상징에 불과합니다. '갑'이나 '?', 'ㅇ' 혹은 대박사의 '대'를 써도 무방합니다. 자신이 좋아하는 것을 쓰면 그만이지요. x를 보면 모르는 것이라고 생각하면 된다는 이야기입니다. 무슨 기호든 상관없습니다.

✓ 식을 세우면 세상이 바뀐다!

 음…. 하지만 식을 세워서 문제를 푸는 게 너무나 어렵습니다. 수학에 콤플렉스가 있는 사람이라면 특히 더 그렇고요.

맞습니다. 그런데 모르는 것을 일단 x로 두는 순간 갑자기 문제가 단순해진 느낌이 들지 않았나요? 모르는 것은 모른다고 받아들이면 '어떤 관계와 규칙이 있을까?'에 관해 머리를 쓰게 되니까요.

 모르는 것이 아닌 관계에 시선을 돌린다….

 네, 맞습니다! 이차방정식을 사용하면 자동차 연비가 눈에 띄게 좋아져서 친환경 세상을 만들 수 있답니다.

 네? 갑자기? 친환경 세상?

 지구 환경에 관한 문제도 이차방정식으로 해결할 수 있다는 말입니다. 단, 식을 세우는 과정이 대단히 어렵지만요.

 아하! 두루 쓰일 수 있는 식을 고안해내면 자동차를 제조하는 회사에서는 그 식에 숫자만 대입하면 자동으로 답이 나오겠네요.

 그렇겠지요. 이것이 가능하게 된 것도 모르는 것을 x로 둔 덕분입니다.

 엥? 이차방정식 이 녀석 완전 만능이잖아?

 이번 수업은 가장 짧은 경로로 훑어보기 때문에 제가 식을 세우지만 가장 이상적인 것은 자신의 일상생활이나 업무에서 식을 세워보는 겁니다. 은행 이자 계산도 좋고요. 주변 문제로 식을 세우고 거기서 x를 도출하는 경험을 한번이라도 해보면 수학에 대한 인식도 보이는 세상도 확 달라질 것이라 확신합니다.

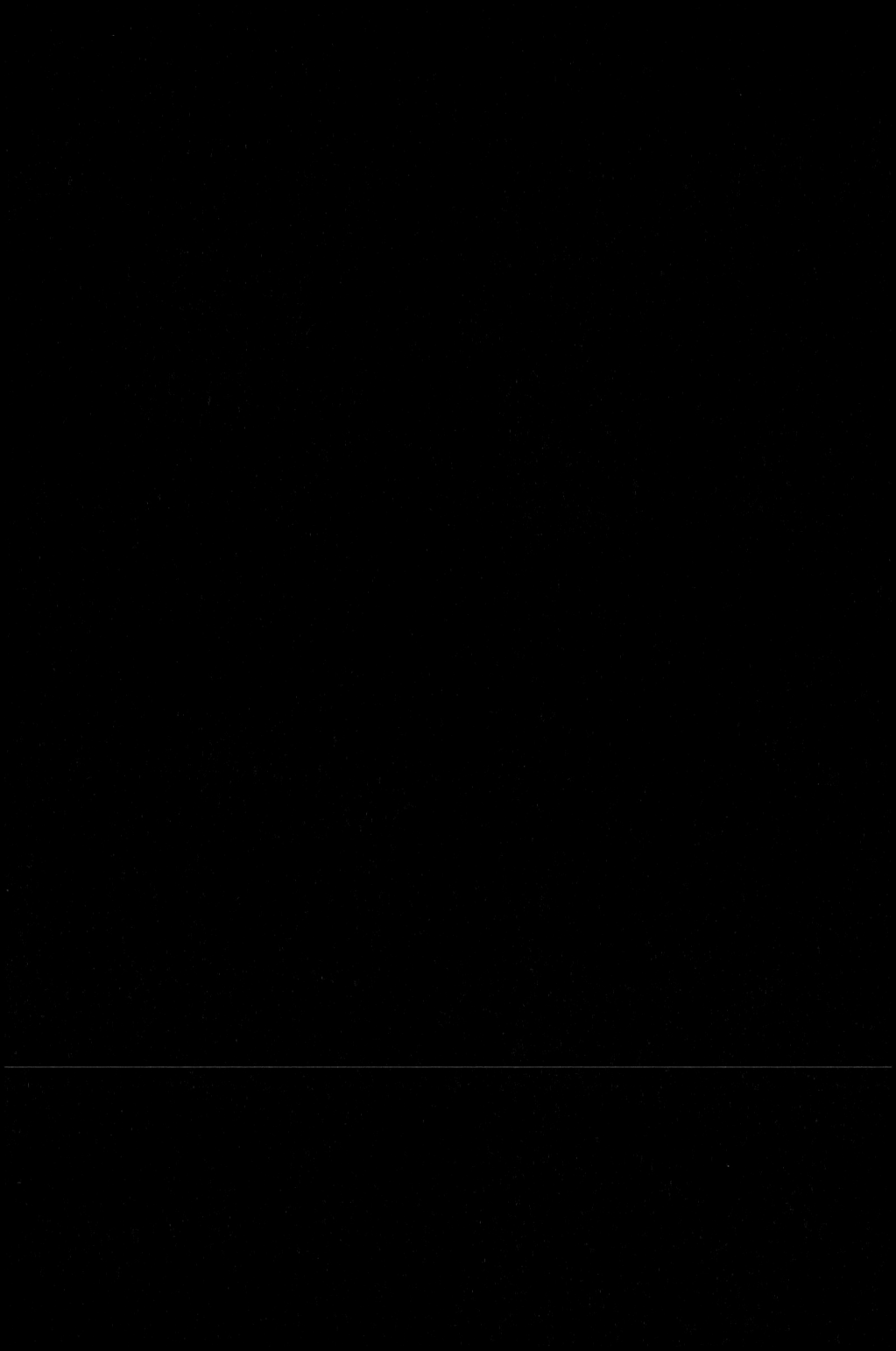

3일째

중학교 수학의 정상, 이차방정식을 한방에 정복하자!!

수학으로 일상 문제를 해결하자!

실생활 문제를 해결하기 위한 수단으로 수학을 사용해봅시다. 이번에 해결할 문제는 '고양이 전용 출입문 만들어 주기'입니다. 과연 고양이가 만족할 만한 출입문을 만들 수 있을까요?

✓ 중학교 수학의 끝판왕, 이차방정식을 무찌르자!

 오늘은 중학교 수학의 최고 도달점인 이차방정식을 푸는 곳까지 단숨에 가보겠습니다.

 오오……! 대수를 전부 한다는 말이군요. (침 꿀꺽)

 문과형 여러분이 어려워하는 대수입니다. 이차방정식은 중학교 수학에서 강력한 끝판왕입니다. 이것만 물리치면 중학교 수학은 거의 끝났다고 볼 수 있습니다.

다음 수업에서 다루는 해석(함수)은 순식간에 끝나 버리고 마지막 기하는 도형을 하나씩 그리다 보면 어떻게든 됩니다. 대수인데, 추상적인 세계라서 난이도가 살짝 높은 편입니다.

 끝판왕이라……. (상상 중)

 중학교 수학의 정상, 이차방정식을 한방에 정복하자!!

✓ 귀여운 고양이를 위해 식을 세워 보자

 이제 시작해볼까요? 수학은 실생활 문제를 해결하는 것이라고 여러 번 강조했으니 문제도 가능한 한 현실적인 것으로 생각해보았습니다. 이번 과제의 주인공은 고양이입니다.

 갑자기?!

 그렇습니다. 집에서 귀여운 고양이를 키우고 있다고 해봅시다. 고양이가 이 방 저 방 자유롭게 드나들 수 있도록 방문에 구멍을 내어 자그마한 문을 만들어 주려고 합니다. 경첩은 문 위에 달아서 그네처럼 움직이게 하는 구조고요.

 내 전용문을 만들어 주냐옹.

 사랑스러운 고양이가 간절한 눈빛으로 애원하면 만들어 주지 않고는 못 배기겠지요.

 네…. 뭐, 그렇죠.

 이것이 바로 오늘의 과제입니다. 고양이에게는 너무나 중요하고 절실한 바람이니까요. 이것을 수학의 힘으로 해결해봅시다!

귀여운 고양이를 위해 전용문을 만들어 주자!

 문은 당연히 고양이가 통과할 수 있는 크기여야겠지요. 그렇다고 너무 크게 만들면 고양이가 문을 여닫기 힘들 수 있으니 적당한 크기로 만들어야 합니다.

우선 문의 가로 길이는 지금 바로 알 수 없으니 일단 그대로 두겠습니다. 다음은 세로 길이입니다. 고양이니까 대충 가로의 두 배 정도 길이가 필요할 테고 거기다 문을 달기 위한 가공용으로 5cm가 더 필요하다고 합시다.

 그렇다면 세로는 가로 길이의 두 배에다 5cm를 더한 길이네요.

 네. 그렇습니다! 그리고 창고에는 네 변이 1cm인 정사각형 모양 타일 600개가 방치되어 있고, 부인이 "걸리적거리니까 남기지 말고 다 써!"라며 화를 내는 상황입니다.

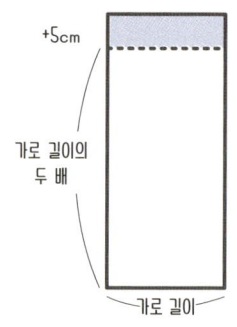

묻지도 따지지도 않고 무조건 씁니다! (즉답)

 기왕 만들기로 했으니 고양이 문에 깔끔하게 붙여 주자고요. 고양이도 기뻐할 겁니다. 그렇다면 출입문의 넓이는 $1cm^2 \times 600$개이므로 $600cm^2$로 정해졌습니다. 가로 길이는 모릅니다. 여기서 중학생이 대수에서 최초로 손에 넣는 무기 '<u>모르는 것은 x로 둔다</u>'가 등장합니다.

단, 갑자기 x가 등장하면 거부 반응을 일으킬 수 있으니 오늘 수업에서만 □로 해 둡시다. 가로 길이는 □cm가 되는 거죠. 그렇다면 세로 길이는 '가로 길이의 두 배에다 5cm를 더한 것'이므로 '□+□+5(cm)' 혹은 '2×□+5(cm)'가 됩니다. 그리고 직사각형의 넓이를 구하는 방법은 초등학교 때 배운 '가로 길이×세로 길이'입니다.

즉, 다음과 같은 식이 성립되지요.

<**귀여운 고양이에게 전용문을 만들어 주기 위한 식**>

$$□ \times (2 \times □ + 5) = 600$$
혹은
$$□ \times (□ + □ + 5) = 600$$
→ □가 두 개

여기까지가 '<u>식을 세운다</u>'는 행위에 해당하는데 '=(등호)'를 사용해서 관계를 정리하는 겁니다. 고양이를 위해 문에 고양이용 출입문을 달아야 하는 현실적인 문제지만 식을 세워 보니 느낌이 꽤 달라지지 않았습니까?

헉… 확실히 생각해야 할 것들이 간단하게 정리된 느낌이 드네요.

훌륭합니다! 현실 문제를 식으로 나타내면 쓸데없는 요소가 싹 사라집니다. '우리 집 고양이가 이 세상에서 제일 예뻐!'라거나 '방문에 구멍을 내면 집주인이 뭐라고 하지 않을까?' 같은 잡념은 이 식에 일절 반영되지 않지요. (웃음) 그렇다면 □에 들어갈 숫자를 맞힐 수 있겠습니까?

어… 음… 그러니까… (땀 삐질)

바로 계산이 되지 않지요? 괜찮습니다. 이걸 어림짐작으로 금세 알 수 있으면 수학이 필요 없겠지요. 아마 이차방정식이 등장하기까지 고대인들도 대충 이런저런 숫자를 넣어 봤을 겁니다.

'음… 어림잡아 20cm?'
20cm로 계산하면 $20 \times (20+20+5) = 900 cm^2$
'앗, 크잖아. 그럼 15cm로 해볼까?'
그렇게 계산해보면 $525 cm^2$
'아깝다! 그렇다면 이번엔 17cm로 해보자.'
이것도 계산해보면 $663 cm^2$

이런 식으로 딱 들어맞을 때까지 계산해야 합니다. 나중에 다시 한 번 언급하겠지만 이 문제는 제곱근, 즉 루트라고 하는 편리한 도구를 사용하지 않으면 영원히 답이 나오지 않습니다.

루트가 없던 시절엔 '젠장, 어떻게든 풀어내고 말 거야!'라며 마냥 이 숫자 저 숫자를 넣었다 뺐다 하던 사람도 있었겠네요. 하하.

 아마 그랬을 겁니다. 하지만 어떤 감 좋은 사람이 깨달았겠지요. '이러다간 죽을 때까지 계산해도 해결을 못하겠구만. 이러고 있을 때가 아니라 무언가 바로 답을 도출할 방법을 찾아야 하는 게 아닐까?'라고요.

 결국 그 문제로 1,000년 가까이 고민한 셈이군요.

 네. 그러니까 지금 우리는 인류가 1,000년에 걸쳐 생각해낸 방법을 편하게 쓰고 있다는 말입니다. 제곱근을 사용하면 이 문제는 바로 풀 수 있습니다. 귀여운 고양이가 원하는 곳으로 자유롭게 드나들 수 있게 되는 거지요. '무언가에 무언가를 곱하면 무언가가 된다'는 것은 일상에서도 쉽게 만나는 일입니다. 예를 들면 '가로×세로=넓이'라든지 '체중×사람 수=엘리베이터 탑승 가능 인원수' 같은 문제 말입니다.

다시 말해 '무언가에 무언가를 곱하면 무언가가 된다'는 방정식을 자유자재로 풀 수 있도록 하는 것이 중학교 수학에서 대수의 목표입니다.

대수의 편리 아이템 '음수'를 차지하라!

이번 시간에는 먼저 식을 세우는 것부터 시작합니다. 수학은 일상의 불편을 해소하기 위해 탄생했기 때문에 해결 방법을 숫자로 바꿔 생각해봅시다.

✔ 어려운 식을 간단하게 만드는 '한 덩어리' 기술

자, 조금 전에 나온 식을 풀려면 대수 세계에 존재하는 편리한 아이템을 몇 가지 모아서 레벨업해야 합니다. 끝판왕을 무찔러야 하니까요. 여기서 문제 나갑니다. 다음 식에서 □에 들어갈 값은 무엇일까요?

$$2 \times \square = 10$$

5죠! (우쭐)

맞습니다. 2×5=10. 초등학생도 푸는 단순 곱셈 문제로 10÷2라는 계산을 하지 않아도 풀 수 있지요. 풀이가 간단한 이유는 □가 하나밖에 없기 때문입니다. 이렇게 □(모르는 값)가 하나밖에 없는 식을 일차식(정식 명칭은 일차방정식)이라고 합니다.

음… 갑자기 수학스러워지는데요.

 그건 이름뿐이고 실체는 단순한 퀴즈에 불과합니다. (웃음) 이번에는 좀 더 까다롭게 해서 이런 식이라면요?

$$2 \times \square + 4 = 10$$

 음……. 3입니다.

 정답입니다. 암산으로 풀었군요. 이 식에서 꼭 익혀 둬야 할 중요 포인트는 '2×□'를 한 덩어리로 보는 것입니다. □의 값을 모른다면 □의 두 배 값도 모르겠지요. 그래서 임시로 '2×□'를 ◎로 바꾸면 이렇게 됩니다.

한 덩어리로 본다

$$\boxed{2 \times \square} + 4 = 10$$

↓ ◎로 바꾸면

$$◎ + 4 = 10$$

즉,

$$◎ = 6$$

어떤가요? 단순한 덧셈 문제로 ◎는 6이 됩니다.

단, 여기서 끝내면 안 됩니다. 6으로 판명된 ◎는 원래 2×□이었으니까 다음과 같은 식이 성립합니다.

$$◎ = 6$$
↓ ◎를 원래 모습으로 되돌리면
$$2 × □ = 6$$
즉,
$$□ = 3$$

이렇게 하니 참 신기하지요. 처음에 풀었던 간단한 문제 형태가 되었습니다. 다시 말씀드리지만, 여기서 핵심은 <u>식의 일부를 한 덩어리로 파악</u>하는 것입니다. 여기까지 이해되나요?

 넵! 따라갈 수 있습니다!

 이것으로 중학교 1학년 수학의 반년 과정이 끝났습니다.

 벌써?!

 이것이 일차방정식입니다. 이렇게 간단한 것을 반년에 걸쳐 배웁니다. 5분이면 해치울 수 있는데 말이죠. 그럼 아쉬우니 조금 변형된 문제를 풀어 봅시다. □에 들어갈 값을 구해보세요.

$$\langle 식 A \rangle \quad 2 × □ + □ = 9$$

음…. 3인가요?

 정답입니다. 그리고 이 식에는 □가 두 개 있는데요, 이 식은 몇 차식일까요?

 2개니까 이차식이잖아요? (표정은 전교 1등)

 아쉽군요. 일차식입니다. 제가 놓은 덫에 완벽하게 걸려줘서 고맙습니다. (웃음) 좌변을 유심히 보세요.

$$2 \times \square + \square = 9$$

□가 2개   □가 1개

이것은 □ 2개에 □ 1개를 더했다는 의미가 되지요?

 아… 그렇네요. 그러면 □가 3개?

 맞습니다. □ 식이 2개 있는 것처럼 보여서 착각할 수 있지만, 실은 좌변에 □가 3개로 3×□와 같습니다. 이 문제도 간단한 곱셈 문제입니다. 식이 어중간하게 분리된 상태일 뿐 본질은 일차식입니다.

$$3 \times \square = 9$$
$$\square = 3$$

□의 개수를 더하면 되는군요.

 그렇죠. 그래서 다음에 나오는 식도 이렇게 바꿀 수 있습니다.

$$100 \times \square + 7 \times \square \rightarrow 107 \times \square$$
$$\downarrow \qquad \downarrow \qquad \downarrow$$
$$\square 가\ 100개 \qquad \square 가\ 7개 \qquad \square 가\ 107개$$

덧붙여 좀 전에 풀어봤던 <식 A>는 이렇게 될 수 있죠.

$$2 \times \square + \underline{1} \times \square$$
$$\downarrow\ 1은\ 생략할\ 수\ 있다$$
$$2 \times \square + \square$$

 아! 그렇군요.

 이것으로 중학교 1학년 10개월 과정을 마쳤습니다. (웃음)

 엥?!!

✅ 현실에 없는 음수가 현실에서 도움을 준다?

 하지만 □가 아무리 많아도 일차식이라는 사실이 아직 이해가 안 됩니다.

 다음에 공부할 이차방정식과 비교해서 설명할 테니 조급하게 생각하지 않아도 됩니다. 그럼 중요한 개념을 한 가지 더 익히기 위해 다른 문제를 내겠습니다. 다음 식에서 □에 들어갈 숫자는 무엇일까요?

$$2 \times \square + 10 = 0$$

 음… −5인가요?

 정답입니다. 이 문제는 성인이라면 금세 풀 수 있습니다. 단, 초등학교 과정까지 공부한 학생이 이 문제를 보면 마이너스의 의미를 모르기 때문에 '뭐야, 답이 안 나오잖아?'라고 생각할 겁니다.

 그럼 초등학생이라면 '답 없음'이 정답인가요?

 그렇습니다. 하지만 '답 없음'이 최종 답이 되어 버리면 이 세상의 수많은 과제를 해결할 수 없겠지요. 고양이 전용 문도 만들지 못해서 사랑스러운 고양이가 방에 갇혀 버릴지도 모릅니다.

이런 문제로 고민하던 누군가가 음수(마이너스)의 개념을 떠올린 겁니다. 실생활에서 음수가 없으면 이차방정식은 풀 수 없으니 혁명적인 발견이라고 해도 과언이 아닙니다. 0보다 작은 수를 생각해보면 대출 변제나 영하 온도 등 여러 가지 용도로 응용되고 있지 않습니까?

그렇게 생각하니 그런 것 같기도 하고…

하지만 수학 발전의 역사 관점에서 보면 음수는 억지로 논리를 끼워 맞추기 위해 탄생했습니다. 식을 세운들 답이 없으면 문제는 해결되지 않겠지요. 그래서 '답 없음'이라는 답을 내지 않기 위해 '커지면 커질수록 점점 작아지는 것은 무엇일까?'라는 개념을 생각했습니다.

꼭 수수께끼 같네요.

맞습니다. 하지만 그 수수께끼 덕분에 음수가 생겨났습니다.

저도 중학생 시절 음수를 처음 접했을 때 당황했던 기억이 납니다.

음수 때문에 혼란에 빠지는 학생이 많습니다. 왜냐면 현실에는 존재하지 않으니까요. 'A 학생은 사과 2개를 가지고 있습니다. 그때 B 학생이 와서 A 학생에게 사과 3개를 받아 갔습니다. A 학생에게 남은 사과는 몇 개일까요?'라는 문제와 같지요.

그렇게 들으니까 '애초에 2개밖에 없었는데?!!'라는 의문이 드네요.

그렇지요. 하하. 하지만 음수의 개념을 알고 있다면 A 학생에게 남은 사과는 없고 B 학생에게 사과 1개를 갚아야 한다는 한 단계 더 복잡한 사고를 할 수 있게 됩니다.

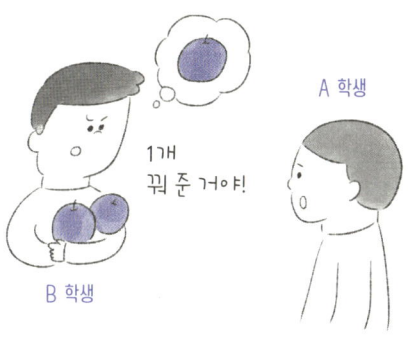

이렇게 현실에 없는 것을 사고하고 계산하는 것을 추상화(抽象化)라고 합니다. 이 점이 수학이 위대하면서도 까다로운 이유입니다.

✓ 뺄셈 기호와 음수는 별개

 여기서 보충 설명을 하자면 숫자 5 앞에 붙어 있는 '-(마이너스 기호)'는 초등학생 때 익숙하게 사용하던 뺄셈 기호가 아니라 음수를 나타내는 표시입니다. 다소 까다롭지만 -5라는 표기는 음수를 가리키는 것에 지나지 않습니다.

-5는 빚 5원일 수도 있고 영하 5도일 수도 있으며 주사위 놀이에서 5칸 뒤로 돌아가라는 의미일 수도 있습니다.

 포인트!

뺄셈과 음수는 별개

$5 - 5 = 0$
　↑ 이것은 뺄셈을 의미

$5 + (-5) = 0$
　　　↑ 이것은 음수를 의미

아! 뺄셈 기호랑은 다른 거였구나.

그렇습니다. 음수 앞 기호는 마이너스를 나타내는 상징이고 마크입니다. 뒤집어 말하면 초등학생 때 봐 온 숫자는 '양수'로 분류됩니다. 예를 들면 100이라는 숫자는 본래 +100으로 써도 됩니다. 하지만 그렇게 하면 온통 기호뿐이라 이해하기 어려워지기 때문에 생략한 거죠. 음수만큼은 바로 알 수 있도록 기호를 붙이고 양수는 기호를 생략하자는 것이 수학계의 암묵적인 룰입니다.

 포인트!

양수의 +기호는 보통 생략한다.
5라고 쓰여 있지만 실제로는 +5를 의미한다.

✓ 다시 한 덩어리의 마술을 부려 보자!

그렇다고 해서 양수인 5와 음수인 -5의 덧셈을 5+-5라고 쓴다면 영문을 알 수 없는 식이 됩니다.

정말 그러네요. 더하는지 빼는지 명확하지 않은 애매한 식이네요.

그래서 음수 앞에 기호가 있으면 음수를 ( )로 묶어 버리는 편이 알기 쉽다고 생각한 거죠. 그래서 5+(-5)라는 방법이 생겼습니다.

아까 말씀하셨던 한 덩어리와 비슷한데요?

 예리하군요! 수를 묶은 ( )를 보면 '앗! 한 덩어리잖아'라고 생각하면 됩니다.
한 덩어리로 되어 있으면 -기호가 뺄셈이 아니라 음수를 나타내는 표시인 것을 알 수 있으니까요.

 하지만 실제로 풀 때는….

 뺄셈입니다. 5+(-5)는 5-5와 같고 답은 0입니다. 5+(-8)이라면 5-8로 답은 -3이지요. 뺄셈이 되는 이유를 설명하려면 주사위 놀이가 상상하기 쉬울 것 같네요. 출발 지점은 0이고 자신의 위치가 5칸 진행한 자리라고 가정해보죠. 지령이 적힌 카드를 뽑았더니 '5칸 돌아가기'라고 쓰여 있다고 합시다. 이때 머릿속에서 5-5라는 계산을 하겠지요.

 그렇구나! 아, 맞다! 음수의 뺄셈도 있죠?

 있습니다. 예를 들면 5-(-5) 같은 거죠. 순간 멈칫할 수도 있지만, 굉장히 간단합니다. 음수의 뺄셈은 플러스가 된다는 간단한 규칙만 외우면 그만이니까요.

규칙을 외우면 되기야 하지만 왜 그렇게 되는 건가요?

 다시 주사위 놀이로 예를 들겠습니다. 5칸 앞으로 진행한 자리에서 갑자기 '다음에 뽑은 카드에 적힌 숫자만큼 뒤로 가야 한다'는 규칙이 추가되었다고 합시다. 그런데 카드를 뽑았더니 −5라고 쓰여 있었습니다. '5칸 돌아라는 것도 아니고 −5칸 돌아가라는 건 도대체 뭐지?'라는 의문이 생기겠지만 반대쪽으로 돌아간다고 생각하면 5칸 앞으로 가는 것과 같다는 것을 알 수 있습니다. 결과적으로 5−(−5)는 5＋5로 변형할 수 있고 답은 10입니다.

 이해할 듯 말 듯한데요.

 이해하기 힘들면 이것은 수학이라는 언어를 습득하는 데 필요한 기본적인 문법이라고 받아들여 주세요. 마이너스를 빼는 것은 덧셈이라고 기계적으로 외우면 됩니다. 주사위 놀이를 슬며시 떠올리면서요.

<음수의 뺄셈>
음수를 뺀다. 즉 1−(−1)은 덧셈이 된다.
따라서 1＋1이 된다.

이 점을 이해하고 조금 전 문제(75페이지)로 돌아가 봅시다. 2×□＋10＝0이라는 식이었죠. 2×□를 한 덩어리로 생각하고 ◎로 바꾸어 줍니다. 일단은 플러스나 마이너스를 빼놓고 생각하면 2×□＝10이라는 식이 됩니다.

$2 \times \square + 10 = 0$
↓ ◎로 바꾼다.
$\underline{◎} + 10 = 0$
그러면
$◎ = -10$

◎를 $2 \times \square$로 되돌리면
$2 \times \square = -10$
이 된다. 답은
$\square = -5$

 처음에 낸 간단한 곱셈 문제와 같네요.

 네. 그래서 아마 5와 비슷한 숫자가 들어갈 거라고 생각하게 됩니다.

다소 억지스럽지만, 이렇게 숫자는 숫자로 보고 답을 짐작한 후 마지막에 플러스나 마이너스 기호를 따져 본다면 사실 음수가 들어간다고 해서 어려울 것은 없습니다. 결국, 얼마나 기호를 익숙하게 잘 다루느냐가 관건이지요.

오호! 이해가 되고 있는 것도 같습니다!

좋습니다. 그럼 이것으로 중학교 1학년 대수는 완전히 끝났습니다. 이제 일차방정식은 전부 풀 수 있습니다.

엥? 벌써요?

COLUMN 1

나의 이과형 에피소드 - 날이 저물다

COLUMN 2

나의 문과형 에피소드 - 구구단 외우기

음수의 곱셈과 제곱근이 끝판왕을 물리치는 무기

드디어 끝판왕인 이차방정식이 등장합니다. 끝판왕을 물리치기 위해 '음수의 계산'과 '제곱근(루트)'이라는 무기를 획득합시다.

✔ 이차방정식의 이차는 곱하는 횟수

사랑스러운 고양이가 애타게 기다리고 있으니 쭉쭉 진도를 나가 봅시다. 다음은 이차방정식. 순식간에 중학교 3학년 과정입니다.

어려워지겠는데요….

그렇지 않아요. □가 2개로 늘어날 뿐입니다. 가장 간단한 이차방정식부터 바로 시작해볼까요? 무언가와 무언가를 곱했더니 4가 되었다. 같은 수를 두 번 곱한 거지요. 답은 무엇일까요?

$$□ \times □ = 4$$

오, 식이 아주 간결해서 좋군요. 이번엔 곱셈이네요. 답은 2입니다!

맞습니다. 2×2=4니까요. 곱셈이라는 것을 용케도 알아챘군요. 아까 나온 □+□와 같은 형태는 □를 하나로 모을 수 있어서 일차식이라고 합니다. 이번에는 곱셈이 포인트입니다. 곱셈 형태에서는 더 이상 모을 수 없습니다. 그래서 그 상태로 □가 2개 있는 형태의 식을 이차식이라고 합니다.

??? 더 이상 모을 수 없다뇨?

□×5라는 곱셈은 □가 5개 있다는 말로 □+□+□+□+□라는 덧셈을 나타냅니다. 곱셈의 정체가 사실은 덧셈인 거죠.

□×□일 때도 '□+□+□+□+□······'라는 형태가 된다는 사실은 알지만, 덧셈을 반복하는 횟수 자체가 '□번'이기 때문에 몇 번을 더해야 하는지 알 수 없습니다. 그래서 덧셈 형태로 나타낼 수 없겠지요.

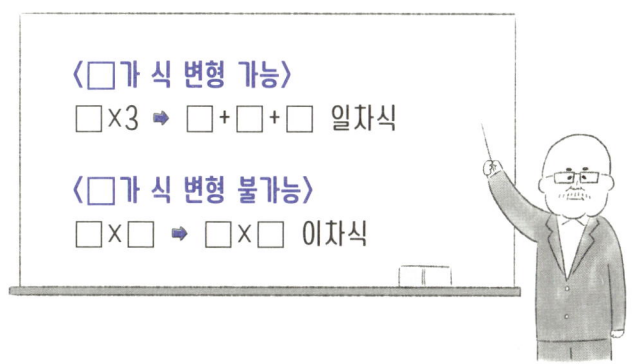

아하! 그렇군요.

 아무리 애를 써서 식을 변형하려고 해도 곱셈 형태에서는 □가 두 개 나올 수밖에 없습니다. 이것이 이차방정식입니다. 만약 이차와 일차가 섞인 식이라면 차수가 높은 쪽으로 부릅니다.
□×□＋3×□라면 이차식이고 3×□이면 일차식입니다.

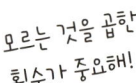
모르는 것을 곱한 횟수가 중요해!

자, 이걸로 중학교 3학년 대수 과정이 거의 끝났습니다.

 아니… 끝이라고요? 이제 겨우 3페이지인데요?

 이차방정식이 무엇인지 이해하고 실제로 풀어봤으니 됐습니다.♡

 포인트!

일차, 이차, …를 차수라고 부른다.
모르는 것(※여기서는 □지만, x, y나 a, b, c 등 알파벳으로 나타내는 경우가 많다)이 곱해진 횟수가 1회면 일차, 2회면 이차, 3회면 삼차가 된다.

예를 들어 3a × a + b + 5 → 곱한 것이 없어서 영차(0차)

↓ b를 한 번 곱해서 일차

↓ a를 두 번 곱해서 이차

✓ 음수끼리 곱하면 양수가 되는 신기한 규칙

 혹시 눈치채셨을지 모르겠지만, 제가 좀 전에 낸 문제에는 아주 큰 함정이 있었습니다. 이번엔 바로 이 함정에 빠지지 않는 방법을 공부하겠습니다. 사실 이 문제의 정답은 −2도 가능합니다. (−2)×(−2)의 답도 4가 되기 때문이죠.

 아, 그러고 보니….

 마이너스와 마이너스를 곱하면 플러스가 된다는 것을 중학생은 이해 못 합니다. 인터넷에 '마이너스와 마이너스를 곱하면 왜 플러스가 되나요?'라는 질문이 상당히 많은데, 답변은 온통 알 수 없는 말뿐이더군요. "강한 부정은 긍정이다."라는 말도 있고 "내가 싫어하는 사람이 불행하면 행복하니까."라는 답변도 있었습니다. (웃음)

 일리 있는데요. 그렇다면 선생님이 내린 결론은 무엇인가요?

 그것은 수학에서 정한 규칙이기 때문입니다. (단호)

 저기… 선생님, 너무 쉽게 받아들이는 것 아닙니까?

 아니, 그게 사실이니까요. 그 부분을 확실하게 해 두지 않아서 "수학은 도무지 이해할 수 없어."라고 하는 사람이 생기는 게 아닐까요. 마이너스와 마이너스를 곱하면 플러스가 된다고 정해 두지 않으면 음수를 수학 세계에 도입할 때 모순이 생겨 버립니다.

 모순??

그렇습니다. 수학이라는 학문은 새로운 기호와 규칙을 자유롭게 추가해도 괜찮지만, 기존의 것과 모순되지 않도록 주의해야 합니다. 그런 의미에서 '마이너스와 마이너스를 곱하면 플러스가 된다고 정해 두지 않으면 모순이 생긴다'를 증명해보겠습니다.

 엇! 그게 가능한가요?

 가능합니다. 한번 해볼까요?
(※ 단, '마이너스×마이너스=플러스'가 되는 사실을 이미 받아들인 분은 뛰어넘어도 좋습니다.)

예를 들어, 1−1=0 ···①이지요.
이 식은 1+(−1)=0 ···②의 형태로 변환할 수 있습니다.
다음으로 양변에 (−1)을 곱합니다. ···③

이렇게 하는 이유는 증명을 위한 것이니 큰 의미를 두지 않아도 됩니다. 우선 양변에 같은 수를 곱해도 등식은 유지됩니다. 지금까지 말한 식을 차례로 쓰면 이렇게 됩니다.

<'마이너스 × 마이너스 = 플러스'의 증명>

① $\underline{1-1} = 0$

↓ −1 부분은 +(−1)로 바꿔 쓸 수 있다.

② $1+\underline{(-1)} = 0$

양변에 같은 수를 곱해도 '=(등호) 관계'는 성립하므로 양변에 (−1)을 곱한다.

③ $\underline{(-1)} \times \{1+(-1)\} = \underline{(-1)} \times 0$

③의 좌변에 1+(-1)은 한 덩어리로 간주해서 { }로 묶여 있습니다. 자, 이번엔 무언가에 0을 곱하면 상대가 사라진다는 규칙이 적용됩니다.

그래서 다음과 같이 우변은 0 …④가 됩니다.

④ $(-1) \times \{1+(-1)\} = 0$

④의 좌변은 (-1)과 {1+(-1)}의 곱셈이네요.

✓ 초강력 아이템, 분배법칙을 획득하자!

 아… 이제 슬슬 머리가 아파 오는데요.

 그렇다면 ④번 같은 타입의 곱셈 방법을 설명하기 위해 좀 더 쉬운 식을 생각해봅시다. 예를 들어 3×(2+1)이라는 식이 있다고 합시다.

$$3 \times \underline{(2 + 1)}$$
$$\downarrow$$
$$3 \times \quad 3$$

그래서 정답은 9가 됩니다. 그런데 9라는 것은 3×2의 답과 3×1의 답을 더한 것이기도 하다는 사실, 눈치 챘나요?

네??? 그럴 리가요?

이것은 분배법칙이라고 하는 중요한 기술입니다. 조금 전 곱셈은 이렇게 됩니다.

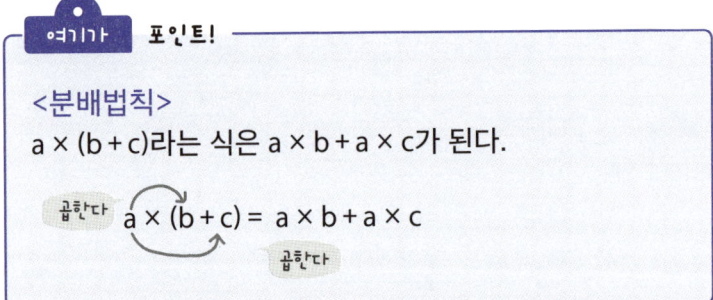

그러면 괄호 안에 덧셈이 몇 개가 있어도 상관없겠네요.

네, 괜찮습니다. 앞으로도 계속 나올 유형이므로 분배법칙이라는 무기는 꼭 지니고 있도록 합시다. 자, 그럼 다시 '마이너스 × 마이너스 = 플러스' 증명으로 돌아가겠습니다. 식 변형은 ④까지 했습니다. 이 좌변을 지금 배운 분배법칙으로 변형해보면 이렇습니다.

④ $(-1) \times \{1+(-1)\} = 0$

↓ 분배법칙으로 변형하면...

$(-1) \times \{1+(-1)\} = 0$
(곱한다)

↓

$\underbrace{(-1) \times 1}_{a} + \underbrace{(-1) \times (-1)}_{b} = 0$

이제 a 부분을 보세요. a인 $(-1) \times 1$의 답은 -1인 것을 알 수 있습니다. 어떤 수에 1을 곱하면 상대가 변하지 않는다는 수학의 기본 규칙이지요. a를 -1이라고 하면 다음과 같은 식이 성립합니다.

⑤ $-1 + \underbrace{(-1) \times (-1)}_{b} = 0$

앗! b 부분에는 마이너스×마이너스가 자리 잡고 있네요.

잘 보셨습니다! 일단 여기서 잘 모르는 b, 즉 $(-1) \times (-1)$을 한 덩어리로 보고 □라고 합시다.

⑥ $-1 + □ = 0$

↑ 이곳에 들어가는 숫자는 1밖에 없다.

-1+□=0이 성립하려면 □는 1이 되어야 합니다. 그런데 이 □의 정체 b는 (-1)×(-1)이기 때문에 다음과 같이 식을 쓸 수 있습니다.

> 여기서 □=(-1)×(-1)
> ⑥에서 □=1이기 때문에
> (-1)×(-1)=1
> 이 성립한다.

이것으로 '마이너스×마이너스=플러스'라는 증명이 끝났습니다.

 우와! 엄청 머리에 쏙쏙!!

 그렇지요? 이 증명이 제가 여태 봐 온 증명 중에서 가장 쉽고 간편했습니다.

 솔직히 말하자면 조금은 끼워 맞춘 느낌이 들기도 하지만요.

 하지만 이렇게 증명을 해보이면 '그렇게 해서 정해진 것이니 어쩔 수 없구나. 이제 인정해야지.'라고 받아들이게 되지 않습니까. 그리고 사실 수학이라는 학문이 발전해 온 원동력 중 하나가 모순을 없애려는 욕구입니다. 모순을 안고 있으면 과제를 해결하는 만능 도구가 될 수 없으니까요.

✓ 수학적 약속은 영어 문법과 같다

 그러고 보니 곰곰이 생각해보면 (-1)×0=0이라는 것도 왜 0이 되는지 의문을 가졌던 것 같습니다.

 그것도 모순을 없애기 위해 생긴 약속입니다. 그중에서도 1을 곱하면 그대로이고, 0을 곱하면 무조건 0이 되는 규칙은 말하자면 수학 세계의 정점에 군림하는 최상위 규칙입니다. 마이너스 곱하기 마이너스는 플러스가 되는 규칙은 그보다 한 단계 아래에 있지요.

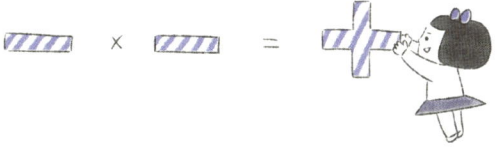

 상위? 아, ×0과 ×1의 성질이 규정되지 않았다면 조금 전 증명이 불가능하기 때문이네요. 대전제 같은 거군요.

 바로 그겁니다.

 마이너스에 플러스를 곱하면 마이너스가 된다는 규칙도 중학교에서 배운 것 같은데요.

 그것도 외우면 그만입니다. -3×4는 -12이고 4×(-6)은 -24입니다.

여기가 포인트!

마이너스 × 마이너스 = 플러스
마이너스 × 플러스 = 마이너스

 하지만 '왜?'라는 의문을 가지는 것도 중요하지 않나요? 선생님이 말씀하신 사고 체력 중에서 의심력에 해당하는….

 물론 본질로 돌아가려는 자세는 무엇보다 중요합니다. 단, 원래부터 정해진 약속은 영어 문법을 외우는 행위에 가깝습니다. 게다가 이러한 전제는 나중에 서서히 깨우치게 되는 경우가 많습니다.

 영어 문법도 싫긴 한데… (소심) 그럼 무턱대고 전제를 의심하는 건 불필요하단 말씀이시죠?

 초중고에서 배우는 수준의 수학은 이미 수많은 사람이 의심한 끝에 속속들이 밝혀지면서 진화해 온 완성형이니까요.

 전폭적으로 신뢰해도 좋다는 말인가요?

 그렇습니다. 가르치는 방법에는 아직 개선의 여지가 있을지 몰라도 가르치는 내용의 논리만큼은 완벽합니다.

 과거의 위인이 남겨 준 엄청 편리한 규칙이라 생각하고 고맙게 사용하면 되는군요.

 그렇죠. 긍정적으로 받아들이는 거죠. 스스로 생각하는 것도 좋지만 '안심하고 올라탈 수 있는 거인의 어깨니까 타 볼래?'라는 것이 초·중·고등학교의 수학입니다.

✅ 어른의 편의로 생겨난 제곱근

 자, 음수의 개념을 이해했으니 다음 문제를 풀어 보겠습니다. 조금 전 문제는 바로 풀 수 있었지만 이 문제는 보는 순간 멈칫하게 될 겁니다. (웃음)

$$\square \times \square = 3$$

 어… 음… 1.5?

 오, 노력형이군요. 1.5×1.5는 2.25입니다. '그러면 좀 더 큰 수겠지?' 같은 방법으로 접근하면 이 수업은 평생 끝나지 않습니다. 사실 이것은 끝없이 이어집니다. 1.7320508……로 말이죠.

 네? 그걸 외우고 계십니까?

설마요. '일 칠삼이십 아니 아니, 우리 집 508호'라고 혼자 노래를 만들어 외웠을 뿐입니다. (웃음) 이렇게 끝없이 이어지는 숫자를 무리수라고 합니다.

외우기 무리한 숫자라는…?

뭐, 그런 느낌일지도요. 덧붙이자면 잘 나오는 무리수는 우변이 2, 3, 5인 경우입니다. □×□=2라면 □는 '인사 인사 둘이 함께 356일'로 1.41421356……. □×□=5라면 □는 '둘에서 두 시에 세 근 고기, 영원한 고기 친구'로 2.2360679……. 로 외워 두면 좋습니다.

아하하… 하지만 그런 식이면 끝이 없겠는데요.

네. 끝이 없습니다. 아무리 생각해도 답은 영원히 나오지 않는다…. 그러면 이 □를 수학적으로 표현하는 방법은 없을까 고민하던 사람이 있었습니다. 여기서 탄생한 것이 $\sqrt{}$, '루트'입니다.

드디어 나타났다.

□에 임시로 3을 넣어서 식을 쓰면 이렇게 됩니다.

$$\sqrt{3} \times \sqrt{3} = 3$$

그야말로 수학의 개인 사정이자 인공적인 규칙이며 너무나 추상적인 단순한 기호입니다. 그래서 이것도 '응? 왜지?'라는 생각이 들더라도 이미 그렇게 정해진 것이니 어쩔 수 없습니다.

아~ 기억날 듯 말 듯한데… 루트의 또 다른 이름이 제곱근이었던 것 같은데… 맞나요?

 맞습니다. 제곱은 2승이라는 의미로 같은 수를 두 번 곱한 것을 가리킵니다.

 그럼 제곱근의 '근'은 무엇인가요? 루트(root)는 영어로 '뿌리'라는 뜻이니까 뭔가 관계가 있을 것 같은데요.

 예리하군요! 실은 이 루트 기호를 영어로는 'radical symbol'이라고도 합니다. radical은 '근원'을 의미합니다. 라틴어로는 'radix'.

 우와! 여기서 영어에 라틴어까지 공부하게 될 줄이야!

 여기서는 '해(解)' 정도의 의미입니다. 어떤 숫자를 제곱한 수가 5라면 제곱한 어떤 숫자를 '5의 제곱근'이라고 하지요. 루트에서 이 가로 선은 실제로 $\sqrt{100000}$ 처럼 안에 들어가는 숫자에 따라 자꾸자꾸 옆으로 늘어납니다.

 그 말은 안에 뭐든지 넣어도 된다는 말인가요?

 물론입니다. 엄청나게 긴 식을 넣어도 괜찮고 $\sqrt{}$ 안에 $\sqrt{}$ 가 들어가도 상관없습니다.

 오오~

그건 그렇고 김수포 씨는 문과라고 했나요?

 네. 철학과입니다.

 어허 이것 참, 기막힌 우연이네요! $\sqrt{}$의 위쪽 가로 선을 고안한 사람이 바로 데카르트라고 합니다!

르네 데카르트(프랑스)
1596~1650

 네? 근대 철학의 조상님께서 수학에도 재능이 있었단 말인가요!

 음… 이야기가 옆길로 새버렸습니다만, 결론은 **제곱근도 완전한 규칙으로, 음수의 개념처럼 성질을 받아들이고 외우는 편이 확실히 편하다**는 말입니다.

 넵! 제곱근을 순순히 받아들입죠!

 (웃음) 제곱근을 받아들였다면 중학교 3학년 과정은 거의 끝났습니다.

 아싸! (입이 귀에 걸리도록 활짝)

 단, 조금 전 문제에서 □×□=3인 경우 □는 $\sqrt{3}$뿐만 아니라 $-\sqrt{3}$도 있다는 사실을 잊지 마세요.

 아! 맞다!

마이너스와 마이너스를 곱하면 플러스가 된다는 규칙이 있으니 답은 2개입니다. 이것을 짚고 넘어가면 이차방정식의 해는 2개라는 사실을 깨닫게 됩니다.

 … 그 말을 듣기 전까지 전혀 깨닫지 못했습니다.

✓ 편리한 것은 아낌없이 사용해서 목적지에 가까워지자

 참, 제곱근 응용문제를 조금 더 내보겠습니다.

 네에?? (털썩)

 자, 너무 그렇게 실망하지 마시고 이 문제를 풀어 볼까요?

$$2 \times \square \times \square + 1 = 6$$

이것도 이차방정식입니다. □가 2개 있고 더 이상 하나로 모을 수 없으니까요.

 하… 포기.

 이제부터는 암산하지 않아도 됩니다. (웃음) 우리 조금 전에 한 덩어리로 두는 법을 배웠죠? 이 식에 그 방법을 적용해보면 다음과 같이 됩니다.

$$(2 \times \square \times \square) + 1 = 6$$

↓ 이것을 한 덩어리로 두면…

$$◎ + 1 = 6$$

여기서 중학교 수학에서 배운 이항을 떠올려 보세요.

 포인트!

<이항>
한 변에 있는 것을 등호 반대쪽 변으로 이항하면 부호가 바뀐다.
덧셈은 뺄셈으로, 뺄셈은 덧셈으로 바뀐다.

이것도 이미 정해진 약속이니까 있는 그대로 받아들이세요. 그러면 이렇게 식을 변형할 수 있습니다.

$$◎ + 1 = 6$$

↑ 우변으로 이항하면 -1이 된다.

$$◎ = 6 - 1$$
$$◎ = 5$$

아~ 이렇게 되네요.

 그렇다면 ◎는 원래 2×□×□이기 때문에 식은 이렇게 됩니다.

$$2 \times \square \times \square = 5$$

 2가 방해되는데…. 혹시 양변을 2로 나누면?

 오! 그 흐름 좋습니다!

$$(2 \times \square \times \square) \div 2 = 5 \div 2$$

그러면…

$$\square \times \square = \frac{5}{2}$$

나누어떨어지지 않기 때문에 욱할 수도 있지만 실은 일부러 이 숫자를 골랐습니다. 나누어떨어지면 더 쉽겠지만 나누어떨어지지 않더라도 단순하게 분수로 만들면 됩니다.

 그렇다면 소수 2.5도 괜찮나요?

 물론이지요. 하지만 굳이 소수로 할 필요는 없습니다. 왜냐면 계산하지 않아도 되니까요. 편하지요?

확실히 그렇네요. 그러고 보니 분수도 계산하기 편하려고 만든 기호겠네요.

 그렇습니다. 만약 10cm 막대기를 삼등분할 때 분수가 없다면 하나당 길이는 3.3333…으로 끝없이 이어지니까 성가시겠지요? 이것을 생략하려고 분수라는 편리한 규칙이 있는 겁니다.

 수학은 자기가 조금만 불리하다 싶으면 바로 규칙을 들이미네요.

 제가 수학을 포기한 사람들에게 이야기하고 싶은 것 중 하나가 바로 그겁니다! 규칙을 받아들이면 수학에서 새로운 것을 배울 때 느끼는 벽이 상당히 낮아질 겁니다.

 한마디로 받아들이는 것이 중요하다는 말이군요. (선생님처럼 덥석덥석 말이죠!)

 네. 만약 모두 같이 카드 게임을 하던 중 조커가 나와서 승부가 나자 "왜 이딴 걸로 게임이 끝나야해?"라는 친구가 있으면 왠지 맥이 빠지지 않을까요?

 헐, 게임 규칙도 모르고 게임하는 녀석이랑은 같이 놀고 싶지 않아요.

수학도 일종의 게임입니다. 최종 목표는 주어진 과제를 해결하는 것이지만 그 과정은 수수께끼 게임과 같아서 세세한 규칙과 순서가 상당히 많습니다. 그리고 그것들을 조합하면서 문제를 풀어 가야 합니다.

 게임이라고 하니 이해하기 쉬운데요. 끝판왕을 물리치는 게임이군요.

 그렇지요. 기호가 어렵다는 분들이 많습니다만, 기호야말로 수학의 정수라고 볼 수 있습니다. 몇천 명이나 되는 고인들이 만든 기호니까요. (웃음)

 오홋! 그렇다면 이번에는 고인의 무덤에 올라타야겠네요!

 그럼 본론으로 돌아와서…. (급정색) 이제 이 식을 풀어 볼까요?

$$\square \times \square = \frac{5}{2}$$

 혹시 $\sqrt{\frac{5}{2}}$? (긴장)

 정확합니다!!

 그런데 정답에 이렇게 기호가 많아도 되나요? 뭔가 조금 꺼림칙한데요.

수학적으로는 '풀었다'고 봐도 좋습니다. 지금 거부감이 드는 이유는 현실에 적용할 수 없기 때문이지요?

 아무래도 그렇죠? 막대자에 $\sqrt{\dfrac{5}{2}}$ 라고 쓰여 있는 게 아니니까요. 도대체 어느 정도 크기인지 감이 잡히지 않습니다.

 네? 계산기를 사용하면 되잖아요?

 네에?? 그거 반칙 아닌가요?

 아니, 잠깐 들어보세요. 수학은 골치가 아플 정도로 해결되지 않는 문제에 가상으로 기호를 도입해서 얼추 계산한 다음 마지막엔 전자계산기에 떠넘기면 모든 게 해결되는 세계라고요. 그러니 자꾸자꾸 반칙해주세요.

 그렇군요. 거인의 어깨를 빌리고, 기술의 힘도 빌려서 조금이라도 수학과 친해지면 되는군요. 그러고 보니 원주율 π(파이)도 있었죠.

 그렇죠. 그럼 실제로 전자계산기로 숫자를 확인해볼까요. 스마트폰 쓰지요?

 넵! 아이폰을 쓰고 있습니다.

 세로 화면 방향 고정을 해제하고 전자계산기 앱을 켠 다음 화면을 가로로 놔 주세요.

 우와! 버튼이 확 늘었어!

이것을 공학용 계산기라고 하는데 루트도 바로 답이 나옵니다. 5÷2를 터치한 다음 =키를 터치해 2.5 결과를 확인한 후, $^2\sqrt{x}$키를 터치해주세요.

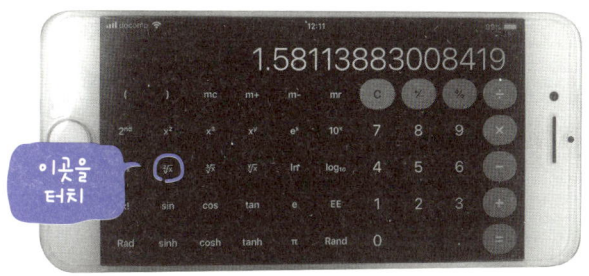

 와! 나왔다! 1.58113883008419……!

 이게 정답입니다. 실생활에 적용하려면 1.6 정도로 충분하겠지요? 이것으로 대수는 중학교 3학년 과정까지 마치겠습니다. ♪

삐끗 기술을 최대한 활용해서 중학교 수학의 끝판왕을 물리쳐라!

이차방정식의 인수분해와 근의 공식 때문에 애먹었던 분들이 많을 텐데요. 여기서는 인수분해와 근의 공식을 전혀 사용하지 않고 풀 수 있는 최강의 기술을 전수합니다!

✓ 양쪽 삐끗 한쪽 삐끗 법칙

 자, 이제 드디어 마지막 단계로 들어갑니다.

 벌써 중학교 3학년이라니. 청춘이 다 가 버렸네요.

 아직 한참 남았으니 기운내세요. (웃음) 우선 3교시에 음수와 제곱근이라는 아이템을 획득한 덕분에 □×□=3, □×□=4와 같은 이차방정식을 풀 수 있게 되었지요. 각각의 답은….

 $\sqrt{3}$, $-\sqrt{3}$ 그리고 2, -2입니다. (으쓱!)

 잘 기억하고 있군요. 계속해서 퀴즈를 2개 내겠습니다.

① □ × (□+1) = 4
  ↳ □와 조금 차이 나는 수

② (□+2) × (□+1) = 4
  ↳ □와 조금 차이 나는 수   ↳ □와 조금 차이 나는 수

①, ② 둘 다 □에 덧셈이 있어서 □와 조금씩 차이 나는 수이지요. 이것이 포인트입니다. ① 식은 하나만 □와 숫자가 차이 나고 ② 식은 둘 다 □와 숫자 차이가 나서 ①을 한쪽 삐끗, ②를 양쪽 삐끗이라고 부릅니다.

삐끗? 정식 수학 용어인가요?

세계 최초입니다. 지금 바로 지은 따끈따끈한 용어거든요. (웃음) 그리고 우변은 양쪽 다 4입니다. 어떻게 푸는지 알 것 같나요?

어… 음… 하….

앓는 소리밖에 나오지 않지요? (웃음) 특히 ②번 양쪽 삐끗 이 녀석이 사실은 중학교 수학의 끝판왕입니다.

요놈

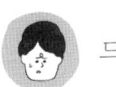 드디어 나왔군!!! (이글이글)

 그럼 이제 풀어 보겠습니다. 우선 ①번인 한쪽 삐끗 식에 있는 □×(□+1)=4 혹시 이런 식을 본 기억이 없나요?

 앗! 분배법칙(90페이지)을 사용할 수 있겠네요! (의기양양!)

 완벽합니다! 이것을 분배하면 이렇습니다.

<한쪽 삐끗 식을 풀자>

□ × (□ + 1) = 4

분배법칙에 따라 분배하면 …

□ × □ + □ × 1 = 4

□ × □ + □   = 4 …… ①

이렇게 되는 것은 이해되나요? 한쪽 삐끗은 이렇게 변형할 수 있습니다. 우선 이대로 놔두고 양쪽 삐끗 식도 보도록 합시다.

<양쪽 삐끗 식을 풀자>

(□ + 2) × (□ + 1) = 4

여기서 예리한 사람은 '혹시 양쪽 삐끗 식도 분배법칙을 사용할 수 있지 않을까?'라는 생각을 하는데요. 어떤가요? 그런 생각이 드나요?

 아니요. 아무 생각이 없습니다. (해맑)

 사실은 몇 번이나 등장했던 한 덩어리를 이용하면 됩니다.

 아, 그렇군요. (□+2)를 한 덩어리로 생각하면 되네요.

 그렇지요. (□+1)도 좋지만 여기서는 (□+2)를 한 덩어리로 생각하고 분배법칙을 적용하면…

$$(□+2) \times (□+1) = 4$$

↓ 각각 곱해서 분배할 수 있다

$$(□+2) \times □ + (□+2) \times 1 = 4$$
$$(□+2) \times □ + □ + 2 \qquad = 4$$

왼쪽에 있는 (□+2)×□에 또 분배법칙을 사용할 수 있는 식이 나옵니다. 이것도 식을 변형해 둡시다.

$$(\square+2)\times\square+\square+2=4$$
↓ 분배법칙을 사용한다.
$$\square\times\square+2\times\square+\square+2=4$$

계산이 귀찮더라도 손목 운동이라고 생각하세요. 여기서 혹시 손을 놀리며 풀어 가는 감각을 즐기는 사람이 있다면 수학자의 길을 적극 추천합니다. (웃음)

 저는 아닌 것 같네요...

 자, 이 좌변의 중간에 있는 2×□+□ 부분은 2교시에서 공부했습니다.

 기억납니다. □ 2개 +□ 1개니까 □가 3개로 3×□가 되죠?

 그렇죠. 3×□입니다. 다음은 +2를 우변으로 이항하면 다음과 같이 식이 성립됩니다.

$$\square\times\square+2\times\square+\square+2=4$$
↓ 모을 수 있다.
$$\square\times\square+3\times\square\boxed{+2}=4$$
우변으로 이항
$$\square\times\square+3\times\square=4\boxed{-2}$$
$$\square\times\square+3\times\square=2\cdots\cdots ②$$

이것이 양쪽 삐끗 식을 다른 방법으로 표기한 거죠. 조금 전 했던 한쪽 삐끗은 ① □×□+□=4로 변형(108페이지)했으니 형태는 비슷합니다. 결국, 이런 형태의 식을 풀 수 있으면 이차방정식은 끝입니다.

✓ 같은 수만큼 차이 나게 하면 방정식이 쉬워진다!

 자, 드디어 마지막 결전입니다!! 단, 끝판왕인 만큼 어지간한 아이디어가 없으면 물리칠 수 없습니다. 끝판왕을 물리칠 아이디어의 정체는 '양쪽 삐끗에서 둘 다 같은 수만큼 차이가 나면 풀 수 있을지도 모른다.'입니다.

 네? 잠깐만요. 무슨 소리인지 도무지 이해할 수가 없는데요. (당황)

 지금부터 설명이 중요하니 천천히 나가겠습니다.

우선 양쪽 삐끗에서 둘 다 같은 수만큼 차이가 난다는 말을 설명하겠습니다. 예를 들어 이런 식이 있다고 가정해봅시다.

<양쪽 삐끗에서 같은 수만큼 차이 나는 식>
(□ + 1) × (□ + 1) = 4

이것은 아까 보았던 양쪽 삐끗 형태면서 □와 같은 수만큼 차이 나는 이차방정식입니다. +1만큼 차이 나는 식이죠.

$$(\square + 1) \times (\square + 1) = 4$$
→ 둘 다 □와 +1만큼 차이가 난다.

네에. 그렇네요.

그래서 □+1을 한 덩어리로 보고 일단 ◎로 두기로 하죠. 그러면 이렇게 됩니다.

$$(\square + 1) \text{을 ◎로 두면 …}$$
$$◎ \times ◎ = 4$$

아, 이건 제곱근이네요. 3교시에서 배웠던 거예요.

맞습니다. ◎끼리 곱한 것이 4니까 ◎은 $\pm\sqrt{4}$가 됩니다. 즉, ◎은 2와 -2입니다. 그리고 ◎을 원래대로 □+1로 되돌리면 다음과 같은 2개의 식이 성립합니다.

◎ = 2, -2
한편
(□ + 1) = ◎
로 두었기 때문에…

$$\begin{cases} 식a \quad □ + 1 = 2 \\ 식b \quad □ + 1 = -2 \end{cases}$$

이제부터는 간단하게 답을 구할 수 있지요? a는 1이고 b는 -3입니다. 원래는 하나의 이차방정식이었는데 어느새 a, b라는 2개의 일차방정식으로 바뀌었습니다.

아니?? 진짜잖아! (언제?)

이렇게 이차방정식이 일차방정식이 되는 기적적인 변환은 같은 수만큼 차이 나지 않으면 불가능합니다. 이 점이 중요 포인트입니다. 다른 수가 차이 나면 안 됩니다.

✓ 같은 수만큼 차이 나는 식으로 변형해보자

하지만 지금은 우연히 같은 수만큼 차이 나는 식이라서 풀 수 있었던 게 아닌가요? 세상사 그렇게 만만하지 않잖아요?

그렇다면 여기서 역발상을 해볼까요. 이차방정식이 있으면 같은 수만큼 차이 나는 식으로 변형해 버리면 된다고요!!!

 헉! 정말 그런 게 가능한가요?

 가능합니다. 지금 바로 해보겠습니다. 우선 일반적인 이차방정식은 양쪽 삐끗이나 한쪽 삐끗 형태가 아니고 이런 형태입니다.

<같은 수만큼 차이 나는 식으로 변형해보자>

□ × □ + 4 × □ + 3 = 0

이차   일차   영차

중학교 2학년 과정에서 설명했듯이 □×□는 이차, 4×□는 일차입니다. +3은 □가 없어서 영차라고 합니다. 이렇듯 이차방정식은 대부분 이차, 일차, 영차가 섞여 있습니다. 여기서는 이차와 일차 부분만 신경 쓰면 됩니다. 영차인 +3은 일단 잊으세요.

그리고 지금부터 □×□+4×□를 같은 수만큼 차이 나는 식으로 변환해 갑니다. 여기서 포인트는 일차의 숫자 4입니다. '4의 반 값인 2를 사용하면 같은 수만큼 차이 나는 식을 만들 수 있지 않을까?'라는 가설을 떠올린 사람이 있었을 겁니다. 즉, (□+2)×(□+2)에 가까운 형태로 만들어 가는 겁니다.

예?! 그런 사람이 있다고요?(세상에는 별의별 사람이 다 있구나!)

일단 시험 삼아 (□+2)×(□+2)를 분배법칙으로 전개해보면 다음과 같이 됩니다.

$$(\square + 2) \times (\square + 2)$$

분배법칙을 사용하면

$$= (\square + 2) \times \square + (\square + 2) \times 2$$

한 번 더 분배법칙을 사용하면

$$= \square \times \square + 2 \times \square + 2 \times \square + 4$$

일차 부분을 더하면

$$= \square \times \square + 4 \times \square + 4$$

어떻습니까? 두 식의 차이점이 보이나요?

> **어디가 다를까?**
> - 원래 식
>   □ × □ + 4 × □
> - (□ + 2) × (□ + 2)를 전개한 식
>   □ × □ + 4 × □ <u>+ 4</u>

아, 보입니다! +4 부분입니다.

네, 그래서 '+4가 거슬리잖아. 좋아! 그럼 빼 버리자!'라고 생각한 겁니다.

저기, 선생님… 아까부터 너무 마구잡이로 하는 거 아닌가요?

지금 방해되는 것은 +4. 이 숫자는 (□+2)×(□+2)를 전개할 때 나오는 2×2의 결과입니다.

> (□ + 2) × (□ + 2)
> (□ + 2) × □ + (□ + <u>2</u>) × <u>2</u>
>   ↑ 여기서 나왔다!

즉, 4의 절반인 2를 제곱한 값입니다. '양쪽 삐끗에다 같은 수만큼 차이 나는 식'을 분배법칙으로 전개하면 이런 식의 곱셈은 무조건 나오기 때문에 이것을 빼면 깔끔해집니다.

자, 잠깐만 생각할 시간을 좀 주세요.

 그럼요! 얼마든지.

(10분 경과)

 그렇다면 만약에 말입니다. $\square \times \square + 10 \times \square$라는 이차방정식이라면 10의 절반은 5니까 $(\square+5) \times (\square+5)$라는 형태로 하고 거기서 5를 제곱한 25를 빼면 된다는 말인가요?

 대단합니다. 완벽하게 이해했는데요?

 네? 진짜로요? 이렇게 간단하다고요? 아직 믿기지 않는데 직접 전개해봐도 될까요?

 물론입니다! 직접 감동을 맛보시길!

 자, 그럼, 음…. 시작해보겠습니다! (긴장)

$$(\square+5) \times (\square+5) - 25$$
$$= (\square+5) \times \square + \underline{(\square+5) \times 5} - 25$$
$$= \square \times \square + 5 \times \square + \underline{5 \times \square + 25} - 25$$
$$\rightarrow \text{당연히 0이 된다.}$$
$$= \square \times \square + 10 \times \square$$

풀었드아아아아아! 내가 풀었어!!

 축하드립니다! 이렇게 같은 수만큼 차이 나게 한다는 발상이야말로 누구나 이차방정식을 풀 수 있는 중요 포인트입니다.

 세 번째 줄에서 $5 \times \square$가 2개 나오고 네 번째 줄에서 그것들을 더하니까 '일차 값을 반으로 만들면 어떨까?'라는 생각이 떠올랐거든요. 이거 완전 신의 경지야!

$$(\square + 5) \times (\square + 5)$$

전개하면 ...

$$= \square \times \square + \underline{5 \times \square + 5 \times \square} + 25$$

전개하면 무조건 두 배가 되니까 원래 ( ) 안은 이 부분의 반이 아닐까?

$$= \square \times \square + \boxed{10 \times \square} \qquad + 25$$

 자, 여기까지 왔으니 이제 슬슬 원래 식에서 홀로 남겨 둔 +3을 꺼내볼까요? 원래 식은 $\square \times \square + 4 \times \square + 3 = 0$이었습니다. 여기서 $\square \times \square + 4 \times \square$ 부분을 같은 수만큼 차이 나게 변환하면서 식을 전개하면 이렇게 됩니다.

$$\square \times \square + 4 \times \square + 3 = 0$$

전개하면…

$$(\square + 2) \times (\square + 2) - 4 + 3 = 0$$

→ 같은 수만큼 차이 나는 식으로 만들기 위해 나온 +4를 없애기 위해 -4를 넣으면 -4+3이 되므로

$$(\square + 2) \times (\square + 2) - 1 = 0$$

→ -1을 우변으로 이항한다.

$$(\square + 2) \times (\square + 2) = 1$$

이렇게 되면 제곱근으로 풀 수 있습니다. 같은 수를 곱해서 1이라면 1과 -1밖에 없으니까요.

$$\square + 2 = 1$$
$$\square + 2 = -1$$
$$\square = -1, -3$$

우와아! 시원하게 풀렸네요!

무사히 중학교 수학의 끝판왕을 무찔렀습니다!

✓ 이제는 고양이 전용문을 설계하자!

아, 잘 풀려서 다행… 잠깐만요! 선생님! 지금 여유롭게 커피 마실 때가 아닙니다. 우리 집 고양이 문이요!

응? 아, 그렇네요. 고양이 문을 만들기 위해 세운 식(67페이지)은 이랬습니다.

$$\square \times (2 \times \square + 5) = 600$$

우선 분배법칙으로 전개하면……

$$\underline{2} \times \square \times \square + 5 \times \square = 600$$

이 식에서 이차에 붙어 있는 2가 신경 쓰이지요? 그러니 양변을 2로 나눠서 없애 버립시다. 양변에 같은 수를 더하거나 빼거나 곱하거나 나누어도 식은 성립하니까 가능한 한 처리하기 쉬운 형태가 좋겠지요. 그러면 이렇게 됩니다.

$$\square \times \square + \underline{\frac{5}{2} \times \square} = 300$$

일차 부분에 주목하세요. 이 부분을 같은 수만큼 차이 나는 식으로 변환해봅시다. 분수라서 조금 까다로워 보일지 모르지만, 방법은 똑같습니다. $\frac{5}{2}$ 의 반은 $\frac{5}{4}$ 이므로 ( )안은 $\frac{5}{4}$ 가 됩니다.

<이제! 고양이 문을 만들어 보자!>

$$(\square + \frac{5}{4}) \times (\square + \frac{5}{4}) - (\frac{5}{4} \times \frac{5}{4}) = 300$$

→ 나중에 나와서 방해되는 부분을 뺀다.

$$(\square + \frac{5}{4}) \times (\square + \frac{5}{4}) - \frac{25}{16} = 300$$

$$(\square + \frac{5}{4}) \times (\square + \frac{5}{4}) = 300 + \frac{25}{16}$$

$$\square + \frac{5}{4} = \sqrt{300 + \frac{25}{16}}, \ -\sqrt{300 + \frac{25}{16}}$$

→ 우변으로 이항한다.

$$\square = \sqrt{300 + \frac{25}{16}} - \frac{5}{4}, \ -\sqrt{300 + \frac{25}{16}} - \frac{5}{4}$$

$$\square = 16.12, \ -18.61$$

 마지막은 계산기로. (웃음) 정답은 두 개지만 여기서 구하는 것은 문의 가로 길이니까 마이너스 값은 무시해도 상관없겠지요. 그러면 정답은 대략 16cm가 됩니다.

단박에 답이 나오네요. (어리둥절) 어쨌든 고양이 문을 만들 수 있어서 대만족입니다.

> **포인트!**
>
> **<완전제곱식을 이용하여 풀기>**
> 이렇게 같은 수만큼 차이 나는 식을 만들어서 이차방정식을 푸는 방법을 '완전제곱식을 이용하여 푼다'고 한다.

✔ 번외! 근의 공식은 외우지 않아도 괜찮아

 그러고 보니 이차방정식을 푸는 공식도 있었던 것 같은데요. 전혀 기억은 안 나지만 어이없게 복잡한 식이었다는 것만은 기억합니다.

 아, 근의 공식 말이군요. $ax^2+bx+c=0$의 해는…

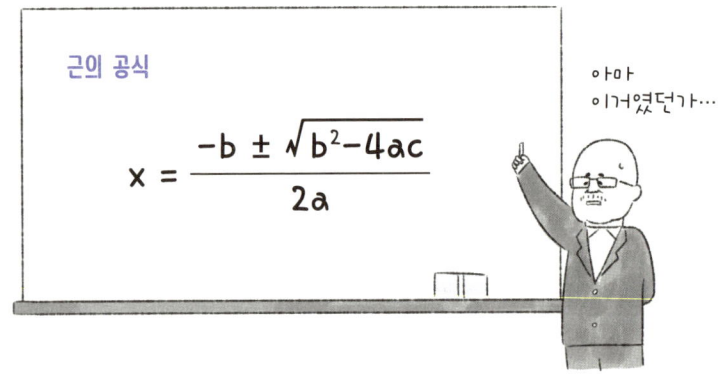

헐! 이게 뭔가요? 대혼란인데요.

 하지만 완전제곱식을 이용해서 푸는 방법을 이해했으니 전혀 외울 필요 없습니다.

 정말요?

 사실 조금 전 푼 방법을 하나의 공식으로 정리한 것이 근의 공식입니다. 공식이 있으니 쓰면 좋겠지만 보시다시피 외우기 어려워서 계산 실수가 나올 것 같지 않나요? 저도 기억이 가물가물할 때는 완전제곱식을 사용해서 쓱싹 풀어 버립니다.

 그런가요? (휴, 다행이다)

 그럼요, 그럼요. 보충 설명하는 김에 '모르는 것=□'는 졸업하고 수학다운 표기 방법을 사용해볼까요? '모르는 것=x'를 사용한 식으로 말이죠. 사용할 때 주의해야 할 중요 포인트는 다음 세 가지입니다.

 포인트!

<수학 표기 규칙>
- 포인트 1 수학 세계에서 모르는 숫자는 대부분 x, y, z로 표기한다.
- 포인트 2 같은 수를 여러 번 곱할 때 $x \times x$라면 x^2, $x \times x \times x$이면 x^3으로 쓴다. 덧붙여서 넓이 단위에서 쓰는 cm^2도 $cm \times cm$이라서 cm^2이라고 쓴다.
- 포인트 3 문자와 ( ) 앞의 곱셈 표시는 생략한다.
  예) $4 \times x \rightarrow 4x$, $4 \times (2-x) \rightarrow 4(2-x)$

애걔! 겨우 이것뿐인가요?

 그렇습니다. 딱 이것뿐입니다. 따라서 조금 전까지 □를 사용해서 열심히 세운 식은 이렇게 나타낼 수 있겠지요.

> **수학답게 x로 나타내자!**
>
> ⟨before⟩
> 2 × □ × □ + 5 × □ + 8 = 0
>
> ⟨after⟩
> $2x^2 + 5x + 8 = 0$

 □가 가득 있는 식은 어딘지 어수선했는데 오히려 깔끔해졌네요. 다만 갑자기 수학스러워졌습니다.

 이제는 익숙해지는 수밖에요. (웃음)

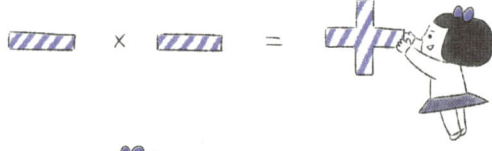

대박사 선생님의 한마디

빅데이터에도 활용되는 n차방정식

흔히 평면 세계를 이차원, 입체 세계를 삼차원이라고 표현하는데 이차방정식이 면적, 삼차방정식이 입체만을 다루고 있는 것은 아닙니다. 두 가지 요소가 곱셈 관계면 이차방정식이고 세 가지 요소의 곱셈이라면 삼차방정식이 됩니다.

이 책에서도 몇 번이나 언급했지만, 제가 평소 다루는 것은 삼차방정식까지고 대부분은 이차방정식에서 끝납니다. 대학교 수학에서 배우는 사차, 오차…… n차 같은 것은 연구자나 수학을 즐기는 마니악한 일부 사람들이 사용하죠. (웃음)

다만 n차를 연구하는 분들 덕분에 이것이 인공지능(빅데이터)에 활용되고 있습니다. 예를 들어 '40대, 남·녀, 기혼·미혼, 자식 유무'에 대한 분석을 할 땐 복수의 차수(요소)가 아니면 대응할 수 없습니다. 게다가 상품을 개발할 때는 좀 더 구매력이 있는 고객을 찾는 데 정확도를 높일 필요가 있습니다.

이때 취미, 구매 이력, 출신지, 연봉, 가족 구성 등으로 이루어진 데이터 요소를 점점 늘려 가면 해석의 정확도가 올라가겠지요. 이것을 가능하게 하는 것이 바로 n차입니다.

간단하지만 보기 드문, 인수분해로 이차방정식 풀기

인수분해는 중학교 수학에서 수차례 나오지만, 현실 세계에서는 좀처럼 만나기 힘듭니다. 이번 시간에는 인수분해의 개념과 풀이 방법을 설명하겠습니다.

✔ 현실 세계에서 거의 만날 수 없는 '인수분해로 푸는 이차방정식'

 중학교 수학의 대수에서는 인수분해도 다룹니다. '이 이차방정식을 인수분해로 푸시오.'라는 식으로 문제가 출제됩니다. 다만….

 다만?

 시험에서만 나옵니다. 인수분해도 간단하게 풀 수 있는 방법이지만 <u>사용되는 경우가 지극히 한정적</u>이라고나 할까요. 같은 수만큼 차이 나는 식으로 만들어 푸는 것이 최강의 방법이라서 사실 인수분해는 그냥 지나쳐도 되지만 일단 가볍게 짚고 넘어가겠습니다.

먼저 간단한 문제부터 시작해보죠. 다음 식에서 △와 □의 값이 무엇인지 짐작할 수 있습니까?

$$\triangle \times \square = 0$$

 음… 어느 한쪽이 0이다?

 네, 맞습니다. 어떤 수에 0을 곱하면 0이 된다는 규칙이 있기 때문이지요. 양쪽 다 0이라는 가능성도 있습니다만 그런 경우는 바로 알 수 있으리라 생각합니다. 하지만 만약 우변이 1이라면 어떨까요. 식 자체로 봤을 때는 단순해서 비슷해보일지 몰라도 답은 전혀 알 수 없게 되어 버립니다.

 음… 1×1, $2 \times \frac{1}{2}$, $3 \times \frac{1}{3}$ 등등 모두 답이 1이네요.

 네. 무한하겠지요. 그래서 우변이 0인 것이 포인트입니다. 이처럼 인수분해로 이차방정식을 풀 수 있는 경우는 무엇과 무엇을 곱했을 때 우변이 0인 경우밖에 없습니다.

 오오, 그렇구나.

 무엇과 무엇을 곱한다고 했지만 지금은 이차방정식을 풀려고 하는 것이지요. 이차방정식에서 △×□와 같이 순수하게 곱셈만으로 이루어진 식이 어떤 식이었는지 기억나나요?

 아뇨. 전혀. (단호)

 아니, 저…. 바로 전에 했던 그… 삐…

 아하! 한쪽 삐끗, 양쪽 삐끗!

그렇습니다! (아… 깜짝 놀랐어)
$(x+1) \times (x-2)$와 같은 형태입니다. 덧붙여서 괄호( )끼리 곱셈할 때 '$\times$' 기호도 생략할 수 있지만 빠른 이해를 위해 남겨 두겠습니다. 그래서 $(x+1) \times (x-2) = 0$으로 식을 쓰면 이렇게 되지요.

$$\underbrace{(x+1)}_{a} \times \underbrace{(x-2)}_{b} = 0$$

→ a, b 중 어느 한쪽이 (a, b 둘 다) 0이 된다.

즉
$$x + 1 = 0$$
혹은
$$x - 2 = 0$$

이것은 단순한 일차방정식으로 $=-1$ 또는 $=2$가 됩니다. 이차방정식이므로 답은 2개라는 사실은 같지요.

네……. 그런데 무슨 이야기 중이었죠?

어이쿠. $(x+1) \times (x-2) = 0$과 같은 식이 나오면 제곱근이나 근의 공식처럼 복잡한 계산을 하지 않고 바로 일차방정식으로 변형할 수 있어서 엄청 편하다는 말이었습니다.

그렇긴 하지만 그런 경우는 거의 없다고 하지 않으셨나요?

예를 들어, 넓이에서 가로×세로=0이 될 리는 없지요. '넓이가 0이라니 무슨 소리야?'라는 생각이 들지 않을까요? (웃음)

하지만 이런 형태의 식이 아예 없는 것도 아니니 인수분해로 풀 수 있는 문제를 만나면 행운입니다. 근의 공식과 같은 복잡한 방법을 쓰지 않아도 금세 풀 수 있으니까요.

흐음. 하지만 이차방정식 문제라면 $ax^2+bx+c=0$과 같은 형태가 많지 않습니까? 이것을 굳이 양쪽 삐끗 형태로 만들어서 우변이 0이 되는지 확인해야 한다는 말인가요?

그렇습니다. 그것이 바로 요점입니다. 그래서 본론은 지금부터입니다. 본론이라고 해도 금방 끝나 버리지만요. $(x+1) \times (x-2)$를 실제로 전개해볼까요.

$(x+1)$을 한 덩어리로 보고 분배하면 되죠?

그 방법도 있지만 손목 에너지를 아끼는 차원에서 편리하게 사용할 수 있는 다항식의 곱셈 규칙을 알려드리겠습니다.

 포인트!

<다항식의 곱셈>
$(a+b) \times (c+d)$
$= a \times c + a \times d + b \times c + b \times d$

아아, 이것도 먼 옛날에 했던 것 같은 기분이 드네…. (아득한 눈빛)

이건 잊어버려도 됩니다. $(a+b)$를 한 덩어리로 보고 계산해도 결과는 같으니까 굳이 외울 필요는 없습니다. 직접 전개해볼까요.

$$(x+1) \times (x-2) = 0$$
$$x^2 - 2x + x - 2 = 0$$
$$x^2 - x - 2 = 0$$

이런 이차방정식을 봤을 때 인수분해로 풀 수 있는지 없는지 구분하는 방법은 '곱하면 −2, 더하면 −1이 되는 조합이 뭘까?'라는 미니 퀴즈를 푸는 겁니다. 이런 식으로 말이죠.

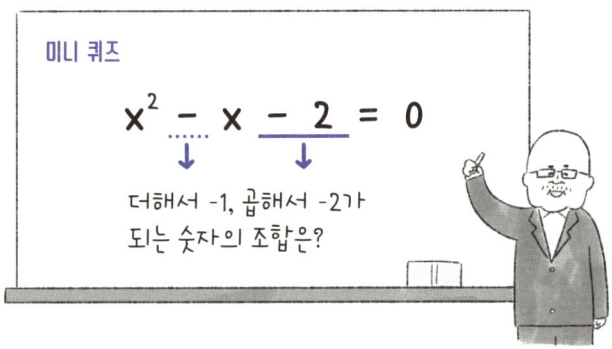

여기에서 이해하기 쉽도록 $x^2 + ax + b = 0$이라는 식이 있다고 해봅시다. 미니 퀴즈는 '곱하면 b가 되고 더하면 a가 되는 숫자의 조합은 무엇일까?'가 되겠군요.

왜 그런 조합이 되어야 하나요?

여기서 조금 전 했던 다항식의 곱셈을 다시 떠올려보세요. 이런 식이었지요?

> 여기가 포인트!
>
> <다항식의 곱셈>
> $(a+b) \times (c+d)$
> $= a \times c + a \times d + b \times c + b \times d$

지금 우리는 양쪽 삐꼿인 이차방정식을 하고 있으니까 a와 c는 x가 됩니다. 즉, $(a+b) \times (c+d)$가 $(x+b) \times (x+d)$가 되는 겁니다.

$(x + b) \times (x + d)$
를 전개하면…

$x^2 + bx + dx + bd$
일차 부분의 x를 정리하면 …

$x^2 + (b + d)x + bd$
→ 일차는 덧셈 → 영차는 곱셈이 된다.

영차가 곱셈이고 일차는 덧셈인 조합을 찾아내면 되겠네요.

그렇지요. b와 d의 조합을 찾아내야 합니다. 그럼 직접 무작위로 해 보겠습니다.

<인수분해로 풀 수 있을까? ①>

$x^2 + 6x - 4 = 0$

사실 이 식은 저도 생각나는 대로 적은 거라 답은 모릅니다. 답을 찾는 포인트는 가장 먼저 영차 값을 확인하는 것입니다. 여기서는 -4입니다. 곱해서 -4가 되는 조합을 적어볼까요?

<곱해서 -4가 되는 숫자의 조합은?>

1과 -4, -1과 4
2와 -2, -2와 2

이렇게 일일이 생각하는 방법밖에 없나요?

안타깝지만 그렇습니다. 말하자면 약수(※어떤 정수에 대해 그 수를 나눌 수 있는 정수)를 먼저 생각하고 플러스, 마이너스 부호를 생각하는 순서입니다. 두뇌 운동이라고 생각하고 깨끗이 받아들이는 수밖에 없습니다.

그렇다면 1과 -4라는 조합을 생각했다면 -4와 1의 조합은 어떻게 되나요?

순서는 무시해도 좋습니다. 곱해도 더해도 결과는 같으니까요. 다음으로 이 숫자들의 조합 중 더해서 6이 되는 것이 있는지 봐야 합니다.

<더해서 6이 되는 숫자의 조합은?>

1과 -4, -1과 4
2와 -2, -2와 2

이 중에서 해는 없습니다. 즉, 인수분해로 풀 수 없다는 것을 알 수 있지요.

 같은 수만큼 차이 나는 식을 만들어서 풀어야 하는 건가요?

 그렇습니다. 오늘은 운이 없다고 생각하고 완전제곱식을 이용해서 차근차근 풀어가는 수밖에요. 자, 그럼 이런 식이라면요?

<인수분해로 풀 수 있을까? ②>

$x^2 - 5x + 4 = 0$

 음… 곱해서 4가 되는 조합이라면….

<곱해서 4가 되는 조합은?>

1과 4, -1과 -4
2와 2, -2와 -2

더해서 -5가 되는 것은 -1과 -4입니다!

<더해서 -5가 되는 조합은?>

1과 4,   -1 과 -4
           → 더하면 -5가 된다!
2와 2,   -2와 -2

정답입니다. 다시 말해 양쪽 삐끗 식으로 만들 수 있다는 말이지요. 따라서 이런 식이 나오지요.

$$(x-1) \times (x-4) = 0$$

인수분해로 풀 수 있어!!

그렇습니다. 좌변의 $(x-1)$과 $(x-4)$ 중 어느 하나는 0이 되어야 하므로 이렇게 간단한 일차방정식이 되고 답도 구할 수 있습니다.

$$x - 1 = 0$$
$$x - 4 = 0$$
즉、
$$x = 1、4$$

앞서 여러 번 말했지만, 포인트는 다음 두 가지입니다.

① 먼저 영차를 보고 약수의 조합을 생각한다.

② 떠올린 수의 합(덧셈의 결과)이 일차 x 앞에 붙어 있는 숫자가 되는지 본다.

그렇다면 아까처럼 전부 다 쓰지 않아도 되나요?

익숙해질 때까지는 쓰면 좋겠지만 그 정도로 복잡한 조합은 시험에 나오지 않습니다. 숫자도 기본적으로 정수만 쓰이니까요. 게다가 만에 하나 조합이 떠오르지 않더라도 **최강의 무기인 완전제곱식을 이용한 방법으로 풀 수 있습니다.**

그렇다면 시험에서는 어떤 형태로 출제되나요?

'다음 이차방정식을 인수분해로 푸시오.'라는 형태가 많습니다.

엥? 그럼 인수분해로 풀 수 있다고 아는 척이라도 해야 하나요?

이게 그야말로 짜고 치는 고스톱입니다. 출제하는 입장에서는 편할 수밖에 없는 이유가 $(x+a) \times (x+b) = 0$과 같은 식에서 a와 b에 적당한 숫자를 넣은 후 그 식을 전개한 것을 문제로 내면 되니까요.

아, 그렇게 문제를 만들 수 있군요. 그렇다면 $x(x+a)=0$과 같은 식은 어떻게 되나요?

네. 그런 유형도 있지요. 이 식도 형태는 $\triangle \times \square = 0$이기 때문에 인수분해로 풀 수 있습니다만, 이 식을 전개하면 영차가 없습니다. 실제로 전개해보고 $x^2 + ax = 0$과 같이 영차가 없는 이차방정식을 만나면 '오! 땡잡았다! 인수분해로 풀 수 있어!'라고 쓱쓱 풀면 됩니다.

물론 답은 0, 혹은 $-a$가 됩니다.

이건 찾기 쉽네요!

✓ 이차방정식을 물리치는 세 가지 방법을 복습하자

 이것으로 중학교 수학에서 가장 어렵고도 중요한 이차방정식을 최단 경로로 풀 수 있게 되었습니다.

 뭔가 허무할 정도로 금방 끝나버렸네요.

 최단 경로로 왔으니까요. 지금까지 배운 이차방정식 푸는 방법을 다음 세 가지 방법으로 정리했습니다.

> **여기가 포인트!**
>
> <이차방정식을 푸는 방법>
> ① 제곱근으로 푼다. ➡ $x^2=a$와 같은 단순한 형태일 때 풀 수 있다.
> ② 인수분해로 푼다. ➡ 실제로 풀 수 있는 문제를 만날 확률이 낮다.
> ③ 완전제곱식을 이용해서 푼다. ➡ 어떤 이차방정식도 풀 수 있다.
>   이것을 공식으로 만든 것이 '근의 공식'

여기서 중요한 점은 완전제곱식을 사용하면 어떤 이차방정식도 거뜬히 풀 수 있다는 사실입니다. 며칠 뒤에 근의 공식을 잊어버린다고 해도 문제는 풀 수 있습니다. 같은 수만큼 차이 나는 식을 만든다는 점만 기억하면 되니까요.

 어… 일차 값을 반으로 해서 같은 수만큼 차이 나는 식을 만들고 반으로 한 값의 제곱을 빼는 방법이었죠? 잊어버리기 전에 한 번 더 해보겠습니다! (의욕)

<완전제곱식을 이용한 방법을 복습해보자!>

$x^2 + \boxed{4}x + 3 = 0$

반

$(x+2) \times (x+2) - 4 + 3 = 0$
→ 제곱한 +4를 뺀다.

$(x+2) \times (x+2) - 1 = 0$
→ 우변으로 이항한다.

$(x+2) \times (x+2) = 1$
→ 제곱해서 1이 되는 것은 1, −1

이렇게 하면 제곱근으로 풀 수 있으니까…

$x + 2 = 1$
$x + 2 = -1$
즉,
$x = -1, -3$

 두 번이나 풀었다!!!

축하합니다! 아, 그리고 혹시 $3x^2$과 같이 이차에 곱셈한 숫자가 붙어 있으면 가장 먼저 3으로 나누어 3을 없앤다는 것을 잊지 마세요.

 아! 맞다!

 가장 간단한 형태는 $x^2=3$과 같은 형태로 이것도 어엿한 이차방정식입니다.

 이 문제는 ①번 방법으로 풀 수 있겠네요. 3에 루트를 씌우기만 하면 됩니다!

 그렇습니다. 제곱근을 사용하면 순식간에 풀 수 있습니다. 다음으로 간단한 방법은 인수분해를 사용해 푸는 ②번 방법입니다. $(x+a)$ $x(x+b)=0$과 같이 양쪽 삐끗 식이나 한쪽 삐끗 식이 0일 때 사용할 수 있습니다. 단, 이런 형태로 식을 변형할 수 있는지 확인하는 데 약간의 요령이 필요하다는 것도 기억해 두세요.

 그렇다면 이차방정식을 풀 때 우선 제곱근으로 풀 수 있는지 보고 다음으로 인수분해로 풀 수 있는지 확인한 후 안 될 것 같으면 최종 병기인 완전제곱식을 이용해서 풀면 된다는 말이군요!

 일단 인수분해로 될지도 모른다고 한 가닥 희망을 걸어 보는 거지요. (웃음)

 이건 뭐 운에 달렸네요.

 정말 운입니다. 제가 실생활에 밀접한 수학을 다루어온 지 어언 30년으로 거의 매일 이차방정식을 사용합니다만, 이차방정식이 인수분해로 풀린 경험은 30년 동안 세 번 정도밖에 없었으니까요.

30년 동안 단 세 번!!!

 지지리도 운이 따르지 않는 인생을 살아왔다고나 할까요. (아득) 뭐 어쨌든 이차방정식은 내일부터 공부할 해석과 기하 그리고 고등학교 이후의 수학에서도 심심찮게 등장합니다. 저도 현역에서 매일같이 꾸준히 사용하고 있으니까요!

이차방정식은 중학교 수학의 최고봉이자 목적지입니다. 인수분해로 푸는 방법은 잊더라도 완전제곱식을 이용해서 푸는 방법만큼은 꼭 기억해 두세요!

 넷! 걱정하지 마세요! (두 번이나 풀었거든요!!)

대박사 선생님의 한마디

영화 제작에도 사용되는 인수분해

　인수분해는 본래 공통항을 뽑아낸다는 것을 의미합니다. 예를 들면 3x+6이라는 식은 3(x+2)와 같이 3이라는 공통항으로 묶을 수 있습니다. 어떤 식을 보고 그 식이 무엇과 무엇의 곱으로 이루어졌는지 생각하는 것이 인수분해입니다. 수학에서는 사용하는 일이 드물다고 말씀드렸지만 인수분해 개념은 실생활에서 쏠쏠하게 사용됩니다.

　예전에 모 영화감독이 "저는 수학을 굉장히 좋아합니다. 특히 중학교 수학에서 배운 인수분해는 영화 제작에도 큰 도움이 됩니다."라고 말한 적이 있습니다. 영화는 여러 장면을 촬영해야 합니다. 그때마다 촬영 팀이 이동하거나 무대 장치 담당이 세트를 만들거나 스텝이 조명을 설치해야 하는 등 상당한 비용이 듭니다.

　그 영화감독은 촬영의 효율을 극대화하기 위해 각본이 완성되면 같은 장소나 같은 세트에서 촬영 가능한 장면을 인수분해한 후 모아서 촬영한다고 합니다. 예를 들어 식탁에서 대화하는 장면이 영화에서 다섯 번 나온다면 한 장면을 찍은 후 옷을 갈아입고 다른 장면을 찍는 식으로 말이죠.

　굉장히 합리적이지 않나요?

4일째

**머리에 쏙쏙!
중학교 수학의
함수를
정복하자!!**

4일째 1교시 함수는 뭘까?

수학의 세 가지 장르 중 해석을 다루는 것이 함수입니다. 다시 말해 그래프를 그리는 거죠. 우선 가볍게 일차함수부터 시작하겠습니다.

✓ 미분·적분을 사용하는 것이 원래 '해석'

크~ 결국 끝판왕 이차방정식을 보기 좋게 쓰러뜨렸네요. (싱글벙글) 이제 이 정도로 마무리해도 되지 않나요?

허허. 아직 해석과 기하의 끝판왕이 남았습니다. 좀 더 사고 체력을 단련해야지요.

아… (그냥 도망갈까)

걱정마세요. 이번에는 해석을 뚝딱 끝내 버리겠습니다. 중학교 수학에서는 함수라고 합니다. 중학교 수학의 정점은 이미 저번 시간에 정복했기 때문에 남은 수업은 그다지 어렵지 않을 겁니다.

그렇게 말씀하시니 한결 마음이 편해집니다. 그래도 저 같은 수포자는 해석, 함수라는 말 자체를 듣는 것만으로도 두드러기가 나는 기분이에요.

확실히 일반적인 용어는 아니지요. 그렇다면 '해석'을 영어로 한 애널리시스(analysis)는 어떤가요?

 아, 비즈니스 용어로 가끔 들어본 적 있습니다.

 그렇죠. 비즈니스계에서 자주 쓰이는 용어죠. 그런데 수학자 입장에서는 사업가가 애널리시스라는 말을 하면 어쩐지 조금 어색한 느낌이 듭니다.

 엥? 왜죠? 전 비즈니스 용어로 더 익숙한데요.

 수학자에게 해석이라고 하면 기본적으로 미분·적분을 사용하는 것입니다. 만약 사업가가 산더미 같은 자료를 모아서 '이런 경향이 있겠지'와 같은 감각적 추측을 한다면 그것은 해석이 아니라 가설을 세우는 것일 뿐입니다.

 아~ 그렇군요.

 미적분은 고등학생이 되면 배웁니다. 하지만 갑작스럽게 미적분을 시작하면 학생들에게 혼란을 줄 수 있어서 중학교 해석에서 맛보기로 일차함수(직선)와 이차함수(포물선)를 배웁니다만, 중학교에서 배우는 해석은 그야말로 한순간에 끝나 버립니다.

✔ 폭음, 폭식했을 때의 체중을 그래프로 나타내보자

 자, 그럼 일차함수부터 시작하겠습니다. 함수는 식으로도 쓸 수 있고 그래프로도 그릴 수 있다는 특징을 지니고 있습니다. 지금 바로 일차함수 그래프를 그려 보겠습니다. 주제는 "매일 폭음과 폭식을 하면 체중이 얼마나 늘어날까?"로 잡아보겠습니다. 여기서 폭음과 폭식을 한 날을 x, 체중을 y라고 해 두죠.

 여기서도 모르는 것은 x로 두는군요.

 그렇습니다. 일수와 체중의 관계를 생각하면 폭음, 폭식을 해 온 일수가 많을수록 살이 찔 것이라는 예상을 할 수 있습니다. 이 관계성을 그래프로 나타내면 일수가 증가함에 따라 체중이 증가하기 때문에 그래프는 오른쪽 위로 향할 것 같지 않나요?

 아! 정말 그렇네요.

 이렇게 그래프가 직선으로 그려질 때가 가장 단순한 형태의 관계이며 이것을 일차함수라고 합니다. "체중과 일수는 일차함수 관계가 있다."라고 합니다. 실제로는 일정하게 하루 2kg이나 체중이 늘지 않을지도 모르지만 여기서는 단순하게 하기로 하겠습니다.

 그렇긴 하지만 사람에 따라서 체중이 증가하는 양상은 다르지 않을까요?

그렇습니다. 그 점이 바로 핵심입니다. 예를 들어 매일 운동하는 사람은 에너지를 소비하고 있기 때문에 먹는 양에 비해 체중 증가가 둔할 수 있습니다. 반대로 운동을 전혀 하지 않는 사람은 운동하는 사람보다 빠르게 체중이 증가할지도 모르죠. 일차함수에서 중요한 것은 기울기입니다. 이번 예에서는 '체중이 얼마나 빨리 늘어날까?'입니다.

 하지만 그걸 어떻게 알 수 있나요?

 자료를 모으면 됩니다. 예를 들어 처음에 60kg였는데 다음날 체중계에 올랐더니 62kg, 그다음 날에는 64kg이었다고 합시다.

 하루 2kg씩 찐다….
(큰일인데 그거)

 그것이 기울기입니다.

 저… 저는 기울기라고 하면 딱 떠오르는 이미지가 없는데요. 좀 더 와닿는 표현이 없을까요?

 빠르기나 변화율이라는 표현도 있겠네요. 이번 문제는 하루에 체중이 변하는 빠르기를 가리킵니다. 다른 예를 들면 조깅할 때 빠르기는 달린 거리를 걸린 시간으로 나누면 계산할 수 있습니다.

 아, 그건 속도를 말하는 거네요.

맞습니다. 마찬가지로 늘어난 체중을 일수로 나누면 속도를 알 수 있습니다. 즉, 2kg÷1일이므로 $\frac{2}{일}$(1일에 2kg 증가한 속도)이면 계산할 수 있습니다.

 그렇군요. 그런데 만약 이틀에 한 번씩 체중을 잰다면….

 2일에 4kg 늘어난다면 속도는 4kg÷2일=$\frac{2}{일}$이므로 결국은 같습니다. 자료를 뽑아보고 속도가 일정한 것을 알게 되면 3일 후 체중도 예상할 수 있겠지요?

 1일에 2kg 증가한다면 3일이면 6kg 증가. 여기에 원래 체중 60kg을 더하면 66kg!!

 바로 그겁니다! 이걸로 중학교 1학년 함수는 끝났습니다. (웃음) 일수를 x로 두면 x일 후 체중 y는 y=2x+60이라는 식으로 나타낼 수 있습니다. 그림으로 나타내면 이런 반직선이 됩니다.

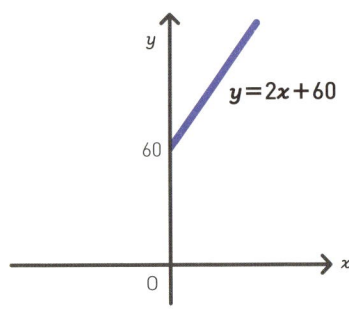

이 반직선이 x축보다 위쪽에 그려진 이유를 알겠습니까?

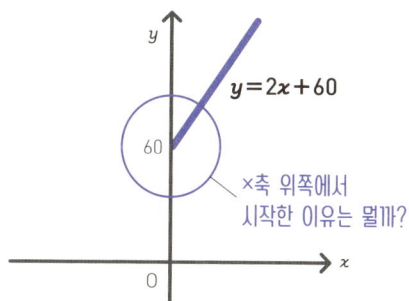

음… 원래 몸무게가 0kg이 아니라서? 처음 시작할 때 체중이 이미 60kg이어서가 아닌가요?

그렇지요. 제대로 이해했군요. 첫날, 즉 x값이 0일 때 y값은 60kg이니까 그래프는 x=0, y=60인 점에서 시작합니다.

✅ 방정식과 함수의 차이점은 무엇일까?

음… 이차방정식은 '모르는 것=x'처럼 문자가 하나밖에 없지만, 이번에는 y=2x+60처럼 y도 있네요. 이 부분이 잘 이해가 안 가서 막힌 것이 뚫리지 않는 기분입니다.

오호! 좋은 질문입니다! 그 점이야말로 함수와 방정식의 차이라고 볼 수 있는 중요한 부분입니다.

어흑, 방정식과 함수의 차이도 도무지 감이 오지 않는데요.

방정식은 대수, 함수는 해석에 속하니까 완전히 다릅니다. 단, 이것을 학교에서 제대로 배우지 않기 때문에 모르는 것도 무리는 아니지요. 우선 방정식의 목적은 특정 조건에서 x의 값을 구하는 것이었지요?

 네… 네. (식은땀) 그런데 그 특정 조건이 뭔가요?

 관계성을 나타내는 식이 성립하고 이와 더불어 x 이외의 숫자를 알고 있을 때입니다. 예를 들어 $x^2+3x+4=0$이라는 식이 있다면 이는 관계성을 나타내는 식이 있고 x 이외의 숫자를 알고 있지요? 다음은 기계적으로 방정식을 이런저런 방법으로 풀면 됩니다.

 네.

 이에 반해 함수는 관계성을 나타내는 식 자체입니다. 예를 들어 방금 전에 체중과 일수의 인과관계를 나타내는 식으로 $y=2x+60$이라는 식을 세웠는데 이것은 함수이며 방정식이 아닙니다.

 관계성을 나타내는 것이 함수구나~

 3일 후 체중을 알고 싶다면 일수 x에 3을 넣어 체중 y를 계산하면 되고, 며칠 후에 체중이 70kg이 되는지 알고 싶다면 체중 y에 70을 넣어 일수 x를 계산하면 됩니다.

함수의 관계성에 날짜와 체중이 3일 후 혹은 70kg 등으로 특정되었을 때 비로소 방정식이 된다고 할 수 있습니다.

 앗! 진짜다! x나 y 어느 한쪽이 특정되면 문자가 하나인 방정식 형태가 되네요.

함수에서 특정 조건하에 값을 계산할 때는 방정식을 사용합니다. 그래프가 눈앞에 있다면 막대자 등을 사용해 값을 어림할 수 있지만 정확한 값을 알려면 방정식을 사용해야 합니다.

> **포인트!**
>
> **<방정식과 함수의 차이>**
> ① 방정식 ➡ 특정 조건으로 x(모르는 것)를 푸는 것
> ② 함수 ➡ 관계성 자체를 나타낸다(조건이 정해지면 방정식이 된다).

✔ 그래프 선은 변화를 나타낸다

 시각적으로 설명하면 '함수는 선, 방정식은 점'을 표현할 때 사용하는 것이라고 말할 수 있습니다. 예를 들면 이번에는 1일 후 62kg, 2일 후 64kg이라는 자료가 있었는데요. 이것을 그래프로 나타내면 점입니다. $x=1, y=62$라는 점과 $x=2, y=64$라는 점이지요.

그런데 만약 100일 정도의 자료를 뽑아서 그래프 위에 촘촘하게 점을 찍는다면 어떻게 보일까요? 선처럼 보일 것 같지 않나요?

 아… 점이 모여서 선이 되는 느낌이군요.

지금 머릿속에 떠오른 그 이미지를 꼭 기억해 두세요. 함수를 평면에 나타낼 때는 선으로 그릴 수밖에 없지만 세세하게 보면 점의 집합체라고도 할 수 있습니다.

 선을 계속 확대하면 점이 보인다는 말이군요.

 바로 그것이 해석의 기본적인 사고입니다. 좀 더 말하자면 함수의 선은 기울기의 집합체라고도 생각할 수 있습니다.

 네에?(또 무슨 소리를 하기 시작하는 거야?)

 그 표정은 누가 봐도 '또 무슨 소리를 하기 시작하는 거야?'라고 말하고 있군요.(웃음)

 (뜨끔)

 고등학교 미적분에서 굉장히 중요한 개념이니까 머릿속에 저장해 두기 바랍니다. 해석이라는 분야는 하나의 점 주변에 얼마나 다른 점이 모여 있고 어떤 상태로 배치되었는지를 이미지로 해석하는 것입니다. 예를 들어 이차함수 이후에는 곡선이 됩니다만 곡선은 기울기가 일정하지 않습니다.

 아, 그런가! 그렇다면 속도가 빨랐다가 느렸다가 하는군요.

 맞습니다. 혹은 멈추기도 하지요. 그런 곡선을 정확한 식으로 나타내려면 점과 점을 보는 것만으로는 한계가 있습니다. 가능한 한 연속적인 곡선의 변화율을 봐야 합니다.

이를 위해 미적분이 탄생했다고 할 수 있습니다.

실제로 사용할 때는 '어떻게 변화할까?'를 관찰해서 함수로 표현하는 것이 중요합니다.

왜죠?

응용하기 어렵기 때문입니다. x가 1일 때 y가 3이 된다는 자료가 있다고 해도 이것만으로는 전혀 쓸모가 없습니다. x가 2가 된다고 y도 x처럼 2배가 된다는 보장은 없으니 응용할 수가 없지요. 그래서 다른 x일 때 y의 값을 알고 싶으면 자료를 더 많이 뽑아서 어떻게 변화하는지 빠짐없이 관찰해서 식을 생각해야 합니다.

식을 세우는 것이 중요하다는 말이군요.

네. 그렇습니다. 실제로 제가 평소 하는 일이 방대한 자료를 토대로 그래프를 그리면서 어떤 느낌인지 함수식을 예상하는 일이라고 할 수 있습니다.

의외인데요!
그건 전혀 스마트한 느낌이 없는데요.

무진장 아날로그입니다. 아, 그렇지. 지금 하는 함수의 기울기를 고등학교에서는 미분계수라고 합니다.

아니 선생님, 틈만 나면 그런 어려운 말을… 혹시 자랑하고 싶어서…?

아, 아니요. 그런 게 아니라… 앞으로 '미분계수'라는 말이 나왔을 때 괜히 겁먹을 필요 없다는 말을 하고 싶었을 뿐입니다. 언뜻 들었을 때 어렵게 느껴지더라도 '기울기'와 같은 개념이며 선이 변화하는 속도를 가리킨다고 생각하면 됩니다. 중학교에서는 미분·적분을 배우지 않으니 기울기라는 말로 적당히 얼버무리는 거지요.

> 대박사 선생님의 한마디

데이터 과학자라면 필수! 통계와 확률

수학은 대수(수와 식), 해석(그래프), 기하(도형)로 나뉜다고 말씀드렸습니다만 실은 '그 외'로 분류되는 확률과 통계가 있습니다. 이 책에서 설명하지 않은 이유는 교과서에선 상당히 간단한 것만 다루는데다 기초 지식이라면 인터넷에 있는 정보로도 충분하리라는 생각 때문입니다.

덧붙여 확률과 통계 대부분은 해석(데이터와 통계해석 분야)에 포함되어 있고 나머지는 대수에 포함됩니다. 원래 수학계에서 해석의 왕은 미적분, 대수의 왕은 정수론으로 통계를 연구하는 사람이 적은 것이 현실이었습니다.

수학계에서 부록 취급을 받던 통계이지만, AI와 빅데이터로 데이터 과학자가 주목받으면서 지금이야말로 최적의 학문이라고 말할 수 있게 되었습니다.

수학계도 조금씩 변하고 있답니다.

이차함수 세계에 오신 것을 환영합니다!

일차함수는 변하는 속도가 일정해서 움직임이 단순합니다. 반면 이차함수는 좀 더 복잡하지만 실생활에 적용되는 부분이 훨씬 많습니다. 지금 바로 시작해볼까요.

✔ 100년 후에 얼마가 될까? 금리를 계산해보자

다음은 이차함수인데요, 중학교 수학에서는 일반적으로 포물선이라고 합니다. 이번에는 돈 이야기를 해볼까요. 예를 들어 어떤 투자를 했더니 1년 후 원금에서 2만 원이 늘어나고 2년 후에는 8만 원, 3년 후에는 18만 원이 늘었다고 해봅시다. '그렇다면 원금에서 100만 원이 늘어나는 데 몇 년이 걸릴까?' 혹은 '10년 후에는 얼마나 불어날까?'와 같은 것을 알고 싶지 않습니까?

그런 거라면 열 일 제치고 계산합니다!

역시 그렇지요. (웃음) 그렇다면 어떻게 계산하면 될까요? 실생활 수학에서 중요한 것은 관계성을 생각하는 것이라고 말씀드렸지요. 그래서 여기에서 증가액과 연수 사이에 어떤 관계가 있는지 생각해보겠습니다.

음… 일단 점을 3개 그려 볼까요?

 좋습니다. 그러면 대충 점끼리 선으로 이어 봅시다.

 응? 매끄럽게 연결하려면 선이 굽어야 하네요.

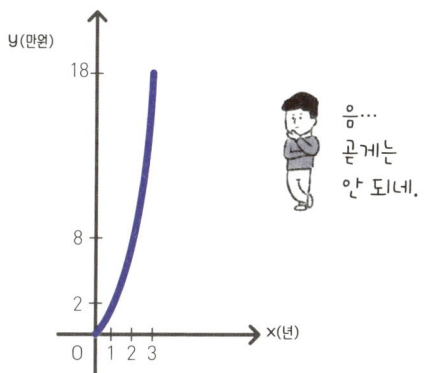

 맞습니다. 왜 굽을까요?

 증가하는 속도가 일정하지 않아서인가요? (긴가민가)

 딩동댕! 정답입니다! 여기서 핵심은 '함수에 곱셈이 포함되면 무조건 곡선이 된다'는 것입니다. 반대로 곱셈을 포함하지 않는 함수는 언제나 직선, 즉 일차함수가 됩니다.

 네? 하지만 아까도 기울기와 x를 곱한 것 같은데요…

 어이쿠 실례. "변수끼리의 곱셈을 포함하면 항상 곡선이 된다."로 바꾸겠습니다. $2x$가 아니라 x^2과 같은 것입니다.

포인트!

<일차함수와 이차함수의 차이>

· 일차함수 ➡ 변수끼리의 곱셈을 포함하지 않는다.(직선)
예: $y=2x$, $y=-2x+30$

· 이차함수 ➡ 변수끼리의 곱셈을 포함한다.(곡선)
예: $y=2x^2$, $y=-2x^2+30$

 그렇구나. 1년 후에 2만 원, 2년 후에 8만 원, 3년 후에 18만 원이라… 아하! 지금 힌트로 알았습니다. y는 '연수의 제곱×2'입니다!

 굉장한데요! 연수를 x년, 늘어난 금액을 y원으로 하면 식은 $y=2x^2$이 됩니다. 요령이라면 우선 단순한 곱셈으로 짐작해보는 겁니다. 여기서는 연수×연수가 관련 있는지 알아내는 것이 포인트입니다. 만약 그렇다고 가정하면 1년 후 1×1과 2만 원의 관계, 2년 후 2×2와 8만 원의 관계, 3년 후 3×3과 18만 원의 관계를 보면 '아! 연수의 제곱에 2를 곱하면 되겠네.'라고 알게 되는 거지요.

 후훗… 돈 계산이라면 의지가 활활!!

 식을 세웠으니 다음으로 100만 원이 늘어나는 것은 몇 년 후인지 계산해봅시다. 조금 전 세운 식에서 y가 증가액이므로 거기에 100을 대입하면 $100=2x^2$이라는 이차방정식이 됩니다. 이제 이것을 풀면 됩니다. 한번 해볼까요?

$$100 = 2x^2$$
$$50 = x^2$$
x는 ±√50 이지만 여기서는 양수
(연수는 음수가 될 수 없다)이기 때문에
$$x = \sqrt{50}$$

이것이 수학적인 풀이입니다. 하지만 실생활에서 루트라고 하면 와 닿지 않으니 $\sqrt{50}$이 어느 정도인지 생각해봅시다.

음… 약 7년??

맞습니다. 7×7=49니까 대충 7년이 되겠지요. 이것으로 중학교 수학의 해석(함수)은 끝났습니다.

네? 끝났다고요? 겨우 이것뿐인가요?

실제로 이 정도밖에 하지 않습니다.

엄청 빨리 끝나 버리네요. 그런데 방금 풀이는 거의 직감으로 식을 세운 것 같은데 이게 맞나요?

맞습니다. 중학교 수학에서 공부하는 함수는 이차함수 중에서도 $y = ax^2$이라는 가장 간단한 형태로 한정되어 있어서 조금만 머리를 쓰면 손쉽게 식을 세울 수 있습니다. 사실 제가 하는 일이 어떤 자료를 보고 이차함수라고 생각되면 규칙성을 찾는 일입니다.

✓ 복잡한 곡선도 이차함수로 나타낼 수 있다

여기에 표시한 이차함수의 곡선, 즉 포물선이 세상에 존재하는 가장 단순한 곡선입니다. U자로 극값이 하나밖에 없고 좌우대칭입니다. x^3이 식에 포함되는 삼차곡선이 되면 U자 극값이 2개로 늘어서 대문자 N처럼 구불구불해집니다. 사차함수가 되면 극값은 3개가 됩니다.

하지만 신기하게도 대부분은 이차함수에 근사해질 수 있습니다.

근사할 수 있다고요?

요약하자면 언뜻 봐서 아무리 복잡한 곡선이라도 짧은 범위만 본다면 대부분 이차함수로 기울기를 나타낼 수 있다는 말입니다. 예를 들면 지금 대충 복잡한 곡선을 그려 보겠습니다.

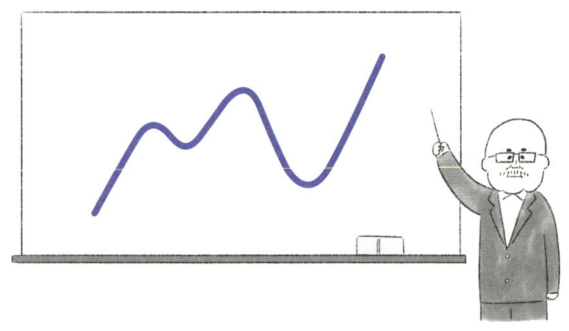

이것은 형태로는 삼차, 사차함수를 넘어 십차함수 정도로 되어 있지만, 이 곡선을 잘게 나누면 나눌수록 더 낮은 차수, 즉 일차나 이차함수로 표현할 수 있다는 말입니다.

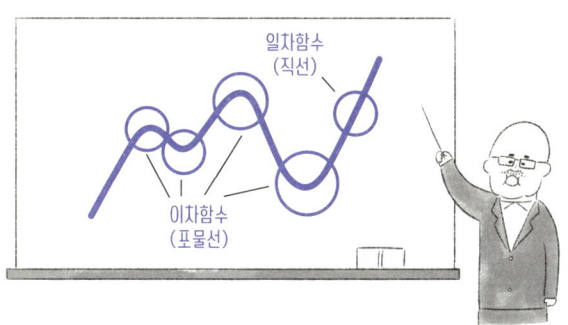

우와(×3)

예를 들어 삼차함수를 작게 분해해보면 이차함수 조합으로 나타낼 수 있고 더욱더 잘게 나누어 보면 일차함수로도 그릴 수 있다는 말입니다.

엄청 짧은 직선이 모인 것이라는 말이군요.

네, 그렇습니다. 이렇게 곡선을 더 낮은 차수의 함수로 나누어 가는 것을 테일러 전개라고 하며 대학교에서 배웁니다.

지금 이야기로 치면 증권회사의 애널리스트가 1년 후 시장을 예측하기는 어렵지만 시간 축을 잘게 나누어서 5분 후 미래라면 예측하기 쉽다는 말과 같은가요?

바로 그겁니다! 1분 후라면 이차함수로 예측할 수도 있고 1초 후라면 일차함수로 가능할지도 모릅니다. 해석하는 시간의 폭이 짧을수록 차수가 점점 내려가서 중학교 수준의 수학으로 풀 수 있게 되는 거지요.

✔ 고등학교에서 배우는 이차함수 미리 맛보기

조금 전에 했던 이차방정식은 $ax^2+bx+c=0$와 같이 이차, 일차, 영차항이 섞여 있는 형식이었는데요. 이것을 이차함수로 나타내면 어떤 곡선이 될까요?

오! 그 열의 좋습니다. 그럼 해볼까요!

아, 네, 네. (이렇게 빨리?)

식은 $y=ax^2+b-bx+c$라고 하고 먼저 간단한 것부터 차근차근 나가겠습니다. 우선 a부터 보죠. ax^2의 a가 마이너스라면 U자 곡선이 그림과 같이 밑으로 툭 떨어집니다. 이것이 하나의 특징입니다. 곡선이 U자이면 a는 양수, 역 U자이면 음수라고 생각하세요.

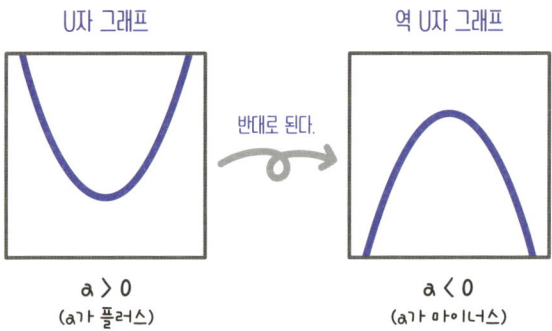

곡선의 오른쪽 부분을 보고 a가 양수면 점점 상승하고 a가 음수면 점점 하강한다고 기억해 두시기 바랍니다.

아하! 그렇게 생각하면 이해하기 쉽네요!

다음은 c입니다. x의 영향을 받지 않는 영차의 숫자입니다. 이 숫자로 곡선의 상하 위치가 결정됩니다. 예를 들어 $y=2x^2+1$이라면 다음 그림처럼 $y=2x^2$그래프를 위로 1만큼 이동한 그래프가 됩니다. 왜냐하면 x가 어떤 값이 되더라도 y값을 계산할 때에는 항상 1을 더하기 때문입니다. 이것은 일차함수에서도 마찬가지입니다.

▶ 이차함수의
  상하 이동

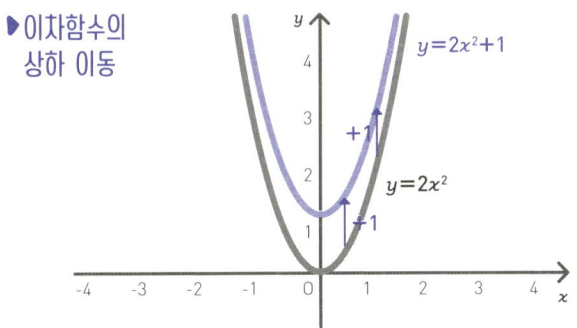

― 여기가 포인트! ―

<이차함수 그래프①>
① ax^2의 a가 플러스면 U자 형태, 마이너스면 역 U자 형태가 된다.
② $y=ax^2+bx+c$의 c(영차의 숫자)로 상하 위치가 결정된다.

그렇다면 어떨 때 그래프가 좌우로 이동하나요?

일단 결론부터 말하면 $y=3x^2$이라는 그래프를 왼쪽으로 1만큼 이동시키고 싶으면 $y=3(x+1)^2$으로 하면 됩니다.

원래 x였던 부분이 (x+1)이 되는군요.

▶이차함수의 좌우 이동

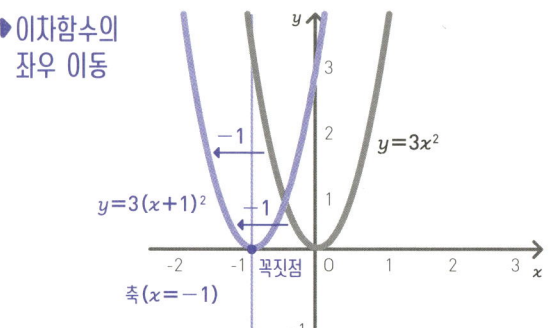

맞습니다. x에 어떤 값을 넣어도 매번 1을 더하기 때문에 그래프 자체를 아예 왼쪽으로 1만큼 이동시켜 두는 거지요.

이것은 $y=ax^2+bx+c$ 형태인 이차함수에서도 마찬가지로 이 함수가 오른쪽으로 5만큼 이동한 상태를 식으로 나타내면 $y=a(x-5)^2+b(x-5)+c$가 됩니다. 미리 x에서 5를 빼 두면 오른쪽으로 5만큼 이동한 것을 나타낼 수 있습니다. 여기까지 이해되나요?

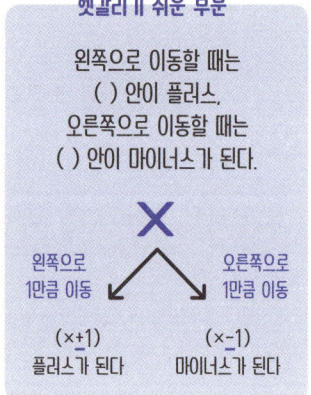

> **<오른쪽으로 5만큼 이동하면 식은 어떻게 될까?>**
>
> $y = ax^2 + bx + c$
>
> ↓ 오른쪽으로 5만큼 이동(-5만큼 이동)하면
>
> $y = a(x-5)^2 + b(x-5) + c$

아… 알 듯 말 듯한데요. 그러니까 $y = a(x-5)^2 + b(x-5) + c$라는 형태로 나타나면 5만큼 이동한 것을 알 수 있다는 말인가요?

네, 그렇습니다. 하지만 일반적인 이차함수의 식은 이렇게 금세 알 수 있게 되어 있지 않습니다. 그래서 $y=ax^2+bx+c$로 되어 있는 식을 위의 식과 같은 형태로 바꾸면 됩니다.

여기서 어떤 방법을 사용하는지 알겠습니까? 힌트는 완전제곱식을 사용한 형태입니다.

혹시… 같은 수만큼 차이 나는 식으로?

완벽한 정답입니다! 여기서 완전제곱식을 사용합니다.

상하 이동은 간단했는데 좌우 이동은 갑자기 어려워졌습니다.

조금 어려워지긴 하지만 완전제곱식 복습도 겸해서 설명하겠습니다. 이차함수 기본형은 $y=ax^2+bx+c$이지요. 이것을 완전제곱식으로 만들기 위해 우선 이차항에 붙어 있는 a를 잠시 묶어 버리겠습니다. 원래는 a로 양변을 나누었지만 이번에는 =0이 아닌 =y 형태로 a를 없앨 수 없기 때문입니다. 그래서 a로 묶으면 괄호 안은 $x^2+\frac{b}{a}x+\frac{c}{a}$가 됩니다. 이것을 완전제곱식으로 만들어야 합니다. 어떻게 했는지 기억나시나요?

 일차항의 숫자 $\frac{b}{a}$를 반으로 만들어야 합니다.

 네, 그렇지요. $\frac{b}{a}$에 $\frac{1}{2}$을 곱하면 $\frac{b}{2a}$이고 다음은….

 완전제곱식으로 만들 때 생기는 수의 제곱을 뺐습니다.

 네. 반으로 한 $\frac{b}{2a}$의 제곱을 빼면 되지요. 그래서 $\frac{b^2}{4a^2}$을 뺍니다. 다음은 원래 있던 c를 더해 줍니다. 마지막으로 a를 다시 되돌려 줍니다. 그러면 이런 식이 되겠지요.

$$y=a\left(x+\frac{b}{2a}\right)^2+c-\frac{b^2}{4a}$$

이 식이 의미하는 것은 왼쪽으로 $\frac{b}{2a}$ 만큼 이동하고, 위로 $c-\frac{b^2}{4a}$ 만큼 이동했다는 말입니다.

이차방정식에서 해가 두 개인 이유를 직접 눈으로 보고 이해한다!

 굉장히 중요한 것을 한 가지 더 설명하겠습니다. 이차함수 그래프는 꼭짓점을 제외하고 y값에 대한 x값이 2개 있다는 사실을 알고 있나요?

 모… 모릅니다.

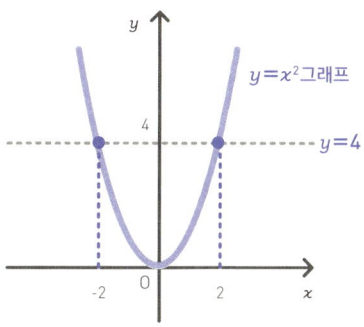

 만약 $y=x^2$이라는 그래프에서 $y=4$인 곳에 가로 선을 그어보면 U자이기 때문에 곡선과 교차하는 점이 2개 있습니다.

 네. x가 -2와 +2일 때 $y=4$를 지납니다.

 이것이 '이차방정식에는 해가 2개 있다'는 설명과 이어집니다.

 …앗! 정말이네. 그러고 보니 이해 갑니다.

그렇지요. 하지만 중학교 수학에서 함수는 꼭짓점이 원점인 단순한 곡선밖에 다루지 않아서 이 점을 알기 어렵습니다. 그런데 중학교 수학의 대수에서 다루는 이차방정식은 $ax^2+bx+c=0$의 형태지요.

이 말은 "$y=ax^2+bx+c$인 함수에서 $y=0$일 때 x의 값을 구하시오."라고 묻는 것과 같습니다. 즉, $y=0$이라는 것은 U자 곡선이 x축과 교차하는 x값을 묻는 것과 같다는 말이 되지요.

 오호! 이제야 답이 2개가 된다는 점을 한결 이해하기 쉬워졌습니다!

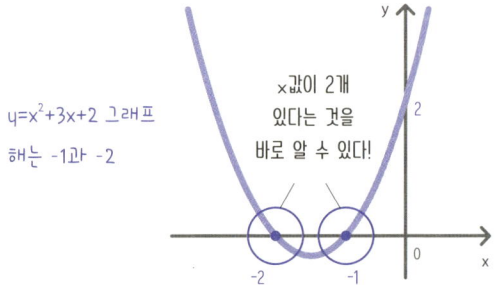

 그렇지요? 가끔 답이 음수가 되는 이유도 시각적으로 바로 알 수 있고, 한마디로 이차방정식을 복습하는 최고의 방법입니다.

 이것을 모르고 도중에 수학을 포기하는 사람이 얼마나 많을까요? 저처럼요.

 그러니 중학교 해석에서 이차함수를 다룰 거라면 원점에서 이동한 형태도 함께 다루는 편이 이해도를 높이는 데 도움이 되겠지요.

정말 그러네요. 저축이라고 해서 꼭 0원에서 시작한다는 법은 없으니까요.

 맞습니다. '앞으로 몇 년 안에 얼마를 저축하고 싶어!'라는 목표가 생겼을 때 처음부터 수중에 돈이 있을 수도 있고 아니면 빚을 안고 시작할 수도 있으니까요. 현실에서는 원점에서 벗어난 함수를 그릴 일이 훨씬 더 많습니다.

반비례는 정비례의 반대일까?

중학교 수학에서 배우는 반비례. 사실은 이게 참 골칫거리 함수입니다. '정비례의 반대니까 반비례잖아요?'라고 생각하는 분도 많을 텐데요. 여기서 반비례의 정체를 밝히겠습니다.

✓ 약간 수상쩍은 함수 '반비례'

중학교 해석에서는 반비례를 배웁니다. 초등학교에서도 정비례와 반비례를 살짝 다루지만 중학교에서는 그래프와 식을 사용해서 다시 공부하게 됩니다. 초등학교에서 배우는 정비례는 이해하기 쉬운데요. x와 y의 비가 일정한 관계인 것, 일차함수의 가장 단순한 형태인 y=ax의 다른 이름이 정비례입니다. 그래프가 원점을 통과하는 직선을 가리킵니다.

아, 그런 관계군요.

네. 단, 의외로 반비례가 지뢰밭입니다.

네? 지뢰?

가끔 반비례를 x가 증가하면 y는 감소하는 관계로 잘못 이해해서 오른쪽 아래로 내려가는 직선 그래프를 반비례라고 부르는 사람이 있습니다.

 (뜨끔!)

 실은 이것도 정비례입니다. 양의 비례에 대한 음의 비례라고도 말합니다. 그렇다면 반비례는 무엇을 말하는지 그래프로 그리면 곡선이 있는 그래프가 되지요. 하지만 이것이 이차함수는 아닙니다.

정비례 그래프

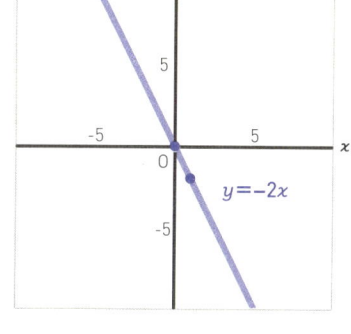

 네? 곡선인데요? 그럼 어떤 관계가 있나요?

 $y=\frac{1}{x}$입니다. x가 분모에 있지요. 이것을 반비례라고 합니다. 일차함수도 이차함수도 아닌 중학교에서 배우는 제3의 함수입니다. 일차함수의 정비례와는 전혀 관계없으니까 틀리지 않도록 주의해야 합니다.

반비례 그래프

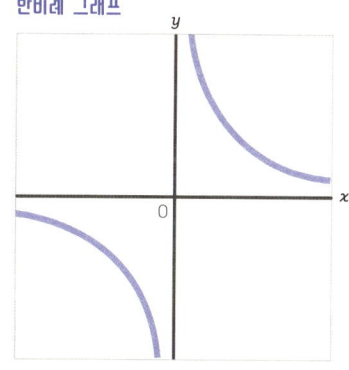

 헉, 일차도 이차도 아닌 다른 것? (싫은데…) 그렇다면 같은 곡선인 이차함수 그래프와 구분하는 요령이 있나요?

그거 좋은 질문입니다. 반비례일 경우 x축과 y축을 넘을 듯 넘지 않습니다. 이렇게 말이죠.

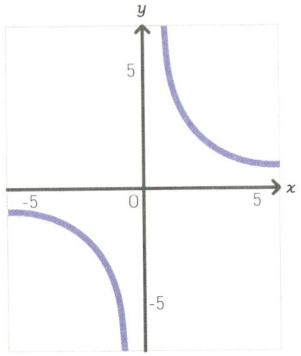

 그렇군요. 정말 0에 닿을락 말락 하면서 쭉 이어지네요.

 네. 맞습니다. 엄밀히 말하면 x와 y가 결국에는 0이 된다는 것을 고등학교 수학에서 증명하지만, 그 이야기는 잠시 접어 두겠습니다. 문제는 반비례라고 하는 이름인데요, 이게 정말이지 최악입니다. 보통 사람은 정비례의 반대로 생각하고 이런 곡선은 떠올리지 않으니까요.

 아까 봤던 오른쪽 아래로 내려가는 직선을 반비례라고 하는 게 훨씬 이해하기 쉬울 법하지만, 뭐… 이미 붙여진 이름이니 어쩔 수 없겠죠.

✓ 반비례는 주고받는 관계에 있다

 반비례는 어떤 때 사용하나요?

 예를 들어 피자를 만든다고 해봅시다. 직사각형 피자를 만들려고 해요. 이때 도우 양은 500cm² 면적을 만들 수 있을 만큼이고 도우 두께는 일정하다고 가정해봅시다. 이때 가로 길이를 길게 하고 싶으면 세로 길이는 짧아져야겠지요? 도우 양은 이미 정해져 있으니까요.

 오호! 사이좋게 하나씩 주고받는 관계군요.

 이것을 식으로 나타내면 사각형 넓이는 '가로×세로'이므로 '가로×세로=500'이라는 식이 성립합니다. 그래서 가로와 세로 길이 관계를 식으로 나타내면 이렇게 됩니다.

<피자의 가로와 세로 길이 관계는?>

$$가로 = \frac{500}{세로}$$

즉, 분모인 세로가 커질수록 가로는 작아집니다. 이럴 때 "세로와 가로는 반비례 관계에 있다."라고 말합니다.

알 것 같아요. 그럼 만약에 A 회사와 B 회사만 뛰어든 10억 원 규모의 시장이 있는데 거기서 A 회사 매출이 늘어나면 B 회사의 매출이 줄어든다는 관계는 반비례가 될 수 없다는 말이네요.

정확합니다. 식으로 나타내 볼까요.

> A 회사 매출(x) + B 회사 매출(y)
> =시장 규모(10억 원)
>
> 그래서
>
> $x+y=10$
>
> 이 된다.
>
> 이것을 'y=' 형태로 하면
>
> $y= -x+10$

즉, 이것은 일차함수로 음의 비례(정비례 그래프와 같이 오른쪽 아래로 내려가는 기울기)입니다. A가 증가하면 B는 감소하는 관계는 같지만요.

잘못 사용하지 않도록 주의해야겠네요.

오히려 사용해보면 어떨까요? 예를 들어 사장님의 이야기를 듣다가 "사장님! 그건 반비례가 아니라 음의 비례인데요?"라고 하면 '응? 요것 봐라, 제법인걸!'이라고 생각할지 모릅니다.

아니면 '으이구, 성가신 놈 하나 들어왔군'이라고 생각하거나요.

그렇네요. 그럴 가능성도 배제할 수 없군요. (웃음)

아, 또 한 가지 덧붙이면 반비례 $\frac{1}{x}$에서 x를 역수라고 합니다. 한쪽이 다른 쪽의 역수에 비례한다는 의미입니다.

어? 확실히 역수라는 단어가 정비례의 다른 이름이라는 느낌이 들어서 이해하기 쉬울지도 모르겠네요. 하지만 반비례도 x가 들어가긴 하니까…. 이걸 일차함수라고는 할 수 없나요?

일단 수학적으로는 '마이너스 일차함수'라는 표현도 가능하지만 그렇게 말하지는 않습니다. 다들 역수라고 하지요. 그러니 이건 '제3의 함수'로 두기로 하죠.

제3의 맥주 같은 거네요. 넵! 군말 없이 받아들이겠습니다!!

오! 빛의 속도로 받아들이네요. (웃음) 덧붙여 $\frac{1}{x}$을 고등학교 수학에서는 x^{-1}로 쓰는데요, 나눗셈은 마이너스로 쓴다고 정한 것입니다.

> 대박사 선생님의 한마디

세상은 이차함수로 가득 차 있다

이차함수의 포물선 곡선이 실은 일상생활과 밀접하게 관련되어 있다는 사실을 알고 계시나요? 한 예로 지금 손에 들고 있는 지우개를 휙 던졌을 때 날아가는 지우개의 궤도는 역 U자 포물선(이차함수)으로 나타낼 수 있습니다. 즉, 세상은 이차함수로 가득하다고 할 수 있지요.

야구에서 투수가 던지는 공이 방향을 바꿀 수 있는 이유도 이차함수로 나타낼 수 있습니다. 공의 포물선에 공기저항과 공의 회전이 더해져서 궤도가 바뀌기 때문입니다. 만약 공기저항도 공의 회전도 없는 환경이라면 순수한 이차함수를 그려서 공이 어디에 떨어지는지 계산할 수 있겠지요. 항상 U자의 꼭짓점에 대해 좌우대칭이 되니까요.

이것을 증명한 것이 천재 과학자 뉴턴입니다. 인공위성이나 로켓 발사, 군사 미사일도 마찬가지입니다. 어떤 각도로 쏘면 어디로 떨어지는지도 모두 포물선 계산으로 한 것이죠.

덧붙여 파라볼라 안테나의 'parabola'는 포물선을 의미합니다. 파라볼라 안테나의 접시처럼 둥근 부분이 바로 이차함수로 만들어진 것입니다. 빛은 물체에 닿으면 반사하지만 포물선에는 어디서 반사하더라도 꼭 한 점에 모인다는 놀라운 성질이 있습니다. 그래서 그 한 점이 어딘지를 계산해서 전파 수신기를 두면 한층 더 뚜렷한 전파를 수신할 수 있게 됩니다.

5일째

**중학교 수학의
도형을
여유롭게
정복하자!!**

삼각형과 원을 알면 도형이 즐거워진다

중학교 수학의 마지막을 장식하는 것은 기하(도형)입니다. 직감적으로 이해하기 쉽고 현실 세계의 문제 해결에도 자주 이용되는 분야입니다.

✓ 이 세상은 삼각형과 원으로 둘러싸여 있다

이제 남은 것은 기하입니다. 도형은 몇 가지 규칙만 외우면 되고 또 눈에 직접 보이기 때문에 요령만 익히면 전혀 어렵지 않습니다. 기하는 수학의 세 가지 개념 중에서 가장 오래된 개념일 것이라는 이야기를 했지요.

'재고 싶다!'라는 염원에서 출발했다는 이야기였습니다.

그렇습니다. 형태에 관한 여러 가지 성질을 공부하는 것이 기하인데요, 특히 중요한 것은 삼각형과 원입니다.

삼각형과 원? 왜죠?

사물의 최소 단위는 점이고 점과 점을 이으면 선이 됩니다. 그 선이 3개 있으면 면을 만들 수 있지요.

네.

즉, 면의 최소 단위는 삼각형입니다. 모든 다각형은 삼각형을 조합해서 만들 수 있으니까요.

아… 그러고 보니 TV 프로그램이나 영화에 쓰이는 CG에서 입체 형상을 구성하는 가장 기본 단위가 삼각형이라고 들은 적이 있습니다.

네, 맞습니다. 사각형이나 다각형도 있지만, 기본은 최소 단위인 삼각형 조합이고 이것으로 입체적인 캐릭터를 묘사합니다. 그렇지 않으면 면을 만들 수 없으니까요. 이렇게 기하에서 삼각형의 성질을 이해하는 것이 무엇보다 중요하기 때문에 중학교 수학의 도형 문제에 유독 삼각형이 많은 겁니다.

그러고 보니 그랬던 것 같습니다. 그럴만한 이유가 있었군요.

그리고 삼각형에서 가장 중요한 성질은 직각(90도)입니다.

네? 직각이요? 의외인데요.

집이든 이 칠판이든 종이든 이 세상은 직각으로 넘쳐납니다. 직각은 참으로 오묘하지요. 삼각형은 누구나 그릴 수 있지만, 직각이라는 개념을 모르면 삼각형의 성질을 제대로 이해하지 못하게 돼 버립니다.

잴 수 없다는 말인가요?

측량으로 응용할 수도 없고, 집도 미세하게 틀어져 버립니다. 하지만 거기에 직각이라는 개념이 존재하는 것만으로 여러 가지 법칙이 보이게 됩니다. 그 법칙 중에서 가장 중요한 것이 피타고라스 정리이고, 이것이 중학교 수학에서 다루는 기하의 끝판왕입니다.

이 사람 →

피타고라스
(기원전 582-기원전 496)

그리고 '원'도 엄청나게 중요합니다. 우물, 둥근 기둥, 원통 등 옛날부터 세상은 둥근 것으로 넘쳐났습니다. 이렇게 삼각형과 원은 도형의 기본이므로 그 성질을 제대로 공부하자는 것이 중학교 수학의 목표입니다.

✔ 피타고라스의 도움을 받아서 고양이 집을 짓자!

다시 한번 고양이를 등장시켜서 문제를 해결해봅시다. 이해하기 쉽도록 기호를 사용하겠습니다. 우선 높이가 60cm인 벽이 세워져 있다고 합시다. 이곳을 벽 a라고 하고 벽 a를 활용해서 옆에서 보면 직각삼각형이 되는 방을 고양이를 위해 만들려고 합니다. 그러기 위해서는 바닥 b와 비를 피할 수 있는 차양 c가 필요합니다.

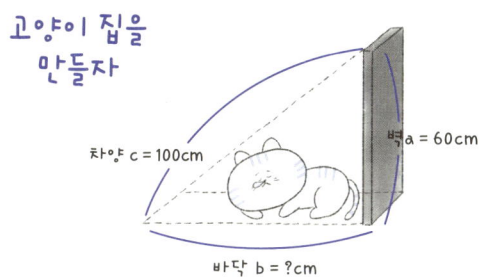

또 고양이…?

네. 세상에서 제일 귀여운 고양이를 위해서요. 자, 벽 a에 직각인 바닥 b가 필요한데 길이는 아직 모릅니다. 그리고 차양 c를 비스듬히 세워야 합니다. 그런데 여기서 차양 c의 재료로 길이 100cm인 판자가 마련되어 있고 이것을 그대로 사용해서 방을 만들려면 바닥 b의 길이는 얼마로 하면 될까요?

분명 풀어 본 것 같은데… 네. 잊어버렸습니다. (울먹)

이것을 풀 수 있으면 삼각형의 끝판왕을 공략한 셈입니다. 여기서 포인트는 몇 번이나 언급한 직각삼각형입니다. 만약 벽 a와 바닥 b가 직각이 아니라면 고등학교에서 배우는 삼각함수를 사용해야 해서 갑자기 계산이 복잡해집니다.

직각삼각형일 때 사용하는 것이 피타고라스 정리였지요.

결론부터 말하면 이렇게 직각삼각형이 있을 때 가장 긴 변의 제곱은 다른 두 변의 제곱의 합이 됩니다. 이것이 삼평방 정리, 다른 말로 피타고라스 정리입니다.

지금 고양이 집에서 가장 긴 변은 차양 c지요. 이것을 식으로 쓰면 $a^2+b^2=c^2$이라는 관계가 성립합니다.

다음은 숫자를 대입하면 되는군요.

그렇습니다. a는 60cm이고 c는 100cm이니까 $60^2+b^2=100^2$이 됩니다.

오홋! 이것은 이미 물리친 이차방정식이 아닌가요.

그렇습니다. 식을 봐도 어렵지 않지요? 대수를 공부해서 다행이라고 느껴지는 순간입니다. (웃음) 이것을 계산하면 **바닥 b의 길이는 80cm**입니다.

$$3600 + b^2 = 10000$$
$$b^2 = 10000 - 3600$$
$$b^2 = 6400$$
$$b = \pm\sqrt{6400} = \pm 80 \,(\text{복호동순}^*)$$
$$b\text{는 양수이므로 답은 } 80cm$$

고맙다냥♡

*복호동순(複号同順) : 식에서 복호를 사용할 때 위에서부터 차례로 사용한다는 의미-역주

헉! 벌써? 깔끔하게 해치웠네요.

 기원전에 피타고라스가 이것을 발견했을 때 분명 '우와! 굉장한 것을 발견했어!'라며 흥분해서 온 동네를 뛰어다녔을 겁니다. (웃음) 이렇게 간단명료한 정리는 좀처럼 찾아볼 수 없으니까요.

 편리한 무기군요. 직각삼각형은 물건을 만드는 사람이라면 일상적으로 접하는 건가요?

 네. 도형은 그만큼 실생활에 밀접하게 관련되어 있습니다. 종이 위에 직각을 그리는 정도라면 공책이나 필통을 이용해 직각인 부분을 따라 그리면 그만이지만 길이가 길어질수록 오차가 점점 커지겠지요.

 피타고라스 정리를 아는 것만으로 굉장한 차이가 나는군요.

 그렇지요? 단, 그 공식을 어떤 경우에도 쓸 수 있다는 사실을 알아야 비로소 안심하고 사용할 수 있기 때문에 증명하는 방법을 숙지하면 좋겠지요. 피타고라스 정리는 인류의 보물 중 하나이기 때문에 이번 기회에 꼭 짚고 넘어가도록 합시다.

 어? 항상 그랬듯 '이것으로 중학교 수학의 도형은 끝났습니다!'가 아니네요.

 미안하지만 오히려 지금부터가 본격적인 수업입니다. (웃음) 언제 어디서나 이 방정식이 통용되기 위해서는 직각삼각형에서 a^2과 b^2을 더하면 c^2이 된다는 것을 증명해야 합니다. 그리고 이차방정식과 근의 공식의 관계와 마찬가지로 공식을 외우는 것보다 왜 그렇게 되는지 이해하는 것이 중요합니다. 자, 함께 피타고라스 정리를 증명해볼까요.

✓ 피타고라스 정리의 증명에는 여러 가지 방법이 있다

 지금부터 a^2와 b^2을 더하면 c^2이 된다는 것을 증명할 텐데요, 세 가지 방법으로 증명하겠습니다.

 세 가지씩이나…

 세 가지뿐인 거죠! 사실 피타고라스 정리를 증명하는 방법은 1,000 가지 정도가 있습니다. (웃음) 심지어 새로운 증명 방법을 찾는 마니아들을 위한 전용 홈페이지도 있는 걸요.

그런 세상이 있다니. (웃음) 이 세상에는 사고 체력 단련을 즐기는 사람도 있군요.

 그렇다고도 할 수 있지만, 피타고라스 정리가 너무나도 아름다워서(황홀) 모두 애착을 가지는 겁니다. 이번 시간에는 피타고라스 정리를 사용해서 중학교 도형의 성질도 함께 배울 수 있는 증명을 세 가지만 소개하도록 하지요.

중학교 도형은 삼각형과 원으로 완성!

피타고라스 정리의 증명 ①
조합을 사용해보자

세상에서 가장 아름다운 정리 중 하나인 피타고라스 정리. 첫 번째는 직각삼각형을 조합한 가장 간단한 증명 방법을 소개하겠습니다.

✔ 조합하면 보이는 것은?

가장 간단한 증명부터 해보겠습니다. 조합을 이용하는 방법입니다. 우선 다음 그림과 같이 방향에 주의해서 똑같은 직각삼각형을 4개 그립니다. 그러면 바깥쪽이 정사각형이 됩니다.

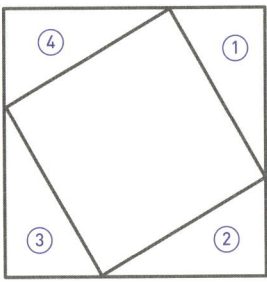

①~④는 전부
똑같은 직각삼각형

왜 정사각형이라고 할 수 있나요?

정사각형의 정의가 네 각이 전부 직각이고 네 변의 길이가 같은 사각형이기 때문입니다. 다음 그림을 보세요. 모든 변의 길이가 a+b이지요? 네 각도 모두 직각이므로 바깥쪽의 큰 사각형은 정사각형이라고 할 수 있습니다.

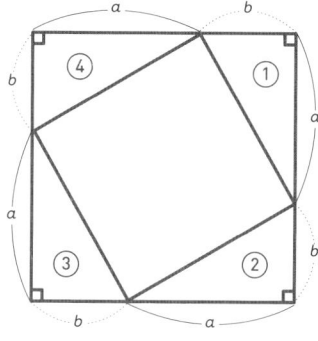

①~④는 전부
똑같은 직각삼각형이므로
바깥쪽 사각형의 한 변은
a+b로 모두 같다.

네 각이 모두 90도(직각)이므로
정사각형이라고 할 수 있다.

오! 그렇구나. 퍼즐 같아서 재미있네요.

그렇지요? 다음으로 생각해볼 수 있는 것이 큰 정사각형 안에 있는 한 변이 c인 사각형도 혹시 정사각형이 아닐까 하는 겁니다.

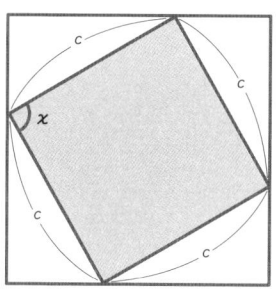

x는 직각일까?

아, 색칠되어 있는 사각형 말이군요.

네. 그런데 정사각형인 것을 증명하려면 x가 직각인 것을 증명해야 하지만 여기서는 일단 직각이라고 가정합시다. 그러면 어떤 관계가 보이나요?

바깥쪽 큰 정사각형의 넓이는 직각삼각형 4개의 넓이와 안쪽의 작은 정사각형의 넓이를 더한 것과 같다는 것입니다. 느낌 오시나요?

우아아앗. 정말 그렇네요!

큰 정사각형의 넓이는 ①~④
4개의 직각삼각형과 안에 있는 작은 정사각형 ⑤를 더한 것이다.

이것을 식으로 하면 이렇게 됩니다. 바깥쪽 정사각형의 한 변은 a+b이므로…

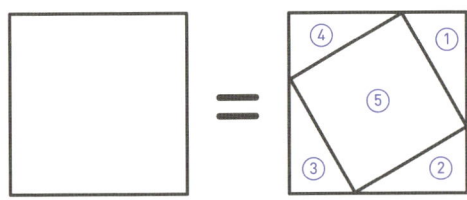

<바깥쪽 정사각형의 넓이를 구하는 방법>

$$(a+b)^2 = 4 \times \left(\frac{ab}{2}\right) + c^2$$

직각삼각형의 넓이×4   안쪽 정사각형의 넓이

자, 이것을 분배법칙을 사용해서 전개해봅시다.

$$a^2 + 2ab + b^2 = 2ab + c^2$$

좌변의 2ab와 우변의 2ab를 없앨 수 있으므로

$$a^2 + b^2 = c^2$$

짜잔! 피타고라스 정리입니다.

크으… 뭔가 후련한데요.

✔ 엇각, 동위각, 맞꼭지각이라는 세 가지 무기

자, 그렇다면 아까 가정했던 x가 직각이라는 것을 증명해야 합니다만, 그 전에 지금부터 여러 가지 상황에서 사용되는 삼각형의 각도에 관한 성질을 세 가지만 익혀 둡시다.

천 가지가 넘는다는데 세 가지뿐이라면야….

하하 고맙습니다. 그럼 우선 간단한 것부터 하겠습니다. 이렇게 삼각형이 있습니다. 삼각형은 어떤 모양이라도 상관없고 직각삼각형일 필요도 없습니다.

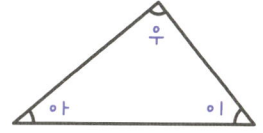

3개의 내각을 '아', '이', '우'
라고 해 두겠습니다. 우선
'아'각을 이루는 두 변을 그
대로 늘입니다. 그때 생기는
마주 보는 각도 '아'가 됩니
다. 이것을 2개의 각은 맞꼭
지각 관계에 있다고 합니다.
이것이 첫 번째 성질인 맞꼭지각입니다.

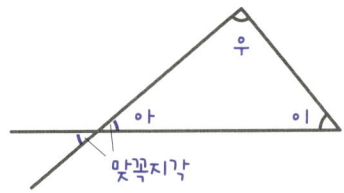

 포인트!

<각의 성질① 맞꼭지각>
교차하는 두 직선의 마주 보는 각은 같다.

다음으로 '아'가 있는 꼭짓점에서 그 꼭짓점과 접하지 않는 변과 평행하게 선을 그어 봅니다. 평행이란 2개의 직선이 절대 만나지 않고 옆으로 나란히 이어지는 상태를 말합니다.

이것을 평행선이라고 하고 그림에서 각 '이'와 각 '이'', 각 '우'와 각 '우''는 각각 같습니다. 이것이 두 번째 성질로 엇각(의 관계)이라고 합니다.

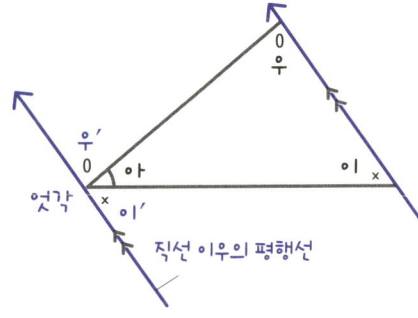

<**각의 성질② 엇각**>
평행선을 이으면 엇각이 생긴다.

마지막으로 아까와 같이 각 '아'에 있는 꼭짓점에서 평행선을 그으면서 맞꼭지각에서 했듯이 두 변을 그대로 늘입니다. 이때 생기는 각 '이‴'와 각 '우‴'는 각 '이'와 각 '우'와 각각 같습니다. 이것을 동위각이라고 합니다.

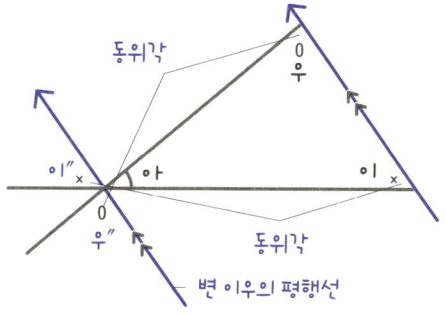

<**각의 성질③ 동위각**>
평행선을 그으면 동위각도 생긴다.

음… 그냥 똑같은 삼각형이 이동한 것처럼 보이는데요.

맞습니다. 같은 직선상에 있고 평행선도 그어져 있으니까요. 확실한 개념이지만 좀 더 정확하게 하고 싶다면 이 세 가지 성질을 직접 증명해보시는 것을 추천합니다. 어쨌든 도형에서는 이미지가 중요합니다.

189

이미지라면 자신 있습니다!! (숫자보다야)

이제 우리가 이걸 시작한 목적을 떠올려볼까요? x가 직각이 맞는지 알고 싶었지요?

아, 네…. 그랬었죠? (그랬었나)

여기서 아까 동위각 그림에 '우'의 엇각을 더해보면 '아', '이', '우'를 더한 것이 180도가 되는 것을 알 수 있습니다. 이것은 삼각형 내각의 합은 180도라는 것을 의미하고 실제 초등학교에서 배우는 내용입니다. 이것을 지금 증명했습니다.

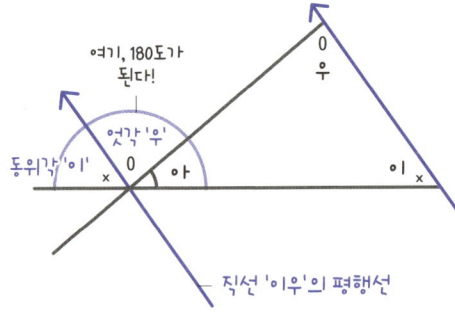

즉, 각 '아'+각 '이'+
각 '우'=180도가 되므로
삼각형의 내각을 전부 더하면
180도가 되는 것을 알 수 있다.

우와!!

자, 이제 원래 그림으로 돌아와서 직각삼각형의 내각에 '아'와 '이'라는 이름을 붙여 보겠습니다. '우'는 90도입니다. 그러면 여기에서 각 에 인접한 각은 '아'와 '이'지요?

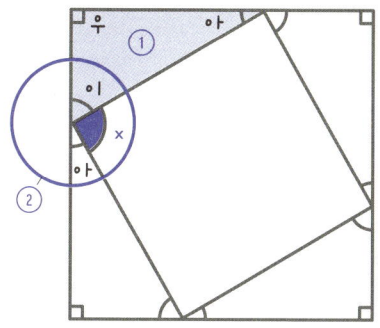

① 삼각형 '아이우'를 보면
  각 '아'+각 '이'+각 '우'(90도)
  =180도
  즉, 각 '아'+각 '이'=90도다.

② 원으로 둘러싸인 부분을 보면
  각 '아'+각 '이'=180도
  즉, x=90도다.

이상으로 피타고라스 정리의 첫 번째 증명이 끝났습니다. 이제 중학교 수학에서 도형을 다루는 데 필요한 기본적인 건 갖추어졌습니다.

 그러고 보니 도형 문제를 풀 때 열심히 보조선을 그었던 기억이 나네요.(아련) 같은 각끼리 ○나 ×로 표시했었는데…

네, 실제로 그런 식의 접근 방법밖에 없기 때문에 그 방법이 정답입니다. 여러 가지 기호를 붙여서 표시해 두면 실타래가 풀리듯이 풀려 갑니다. 요령이라면 먼저 엇각에 점을 찍어 두면 좋습니다. 다음으로 동위각, 마지막으로 맞꼭지각도 잊지 말고 챙기세요. 그렇게 하면 분명히 풀 수 있을 겁니다.

이것으로 중학교 2학년 과정의 도형과 더불어 중학교 3학년 도형 과정의 일부도 끝마쳤습니다.

 드디어! (웃음)

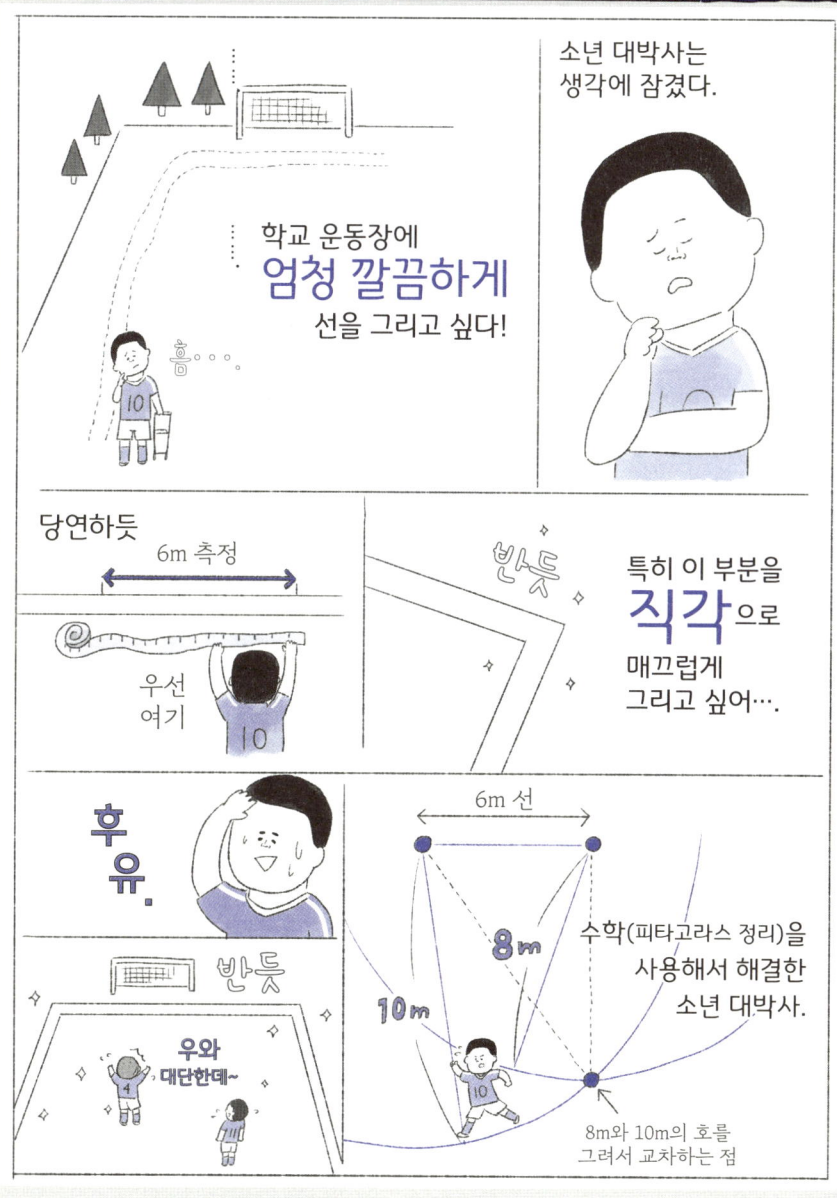

피타고라스 정리의 증명 ②
닮음을 사용해보자

피타고라스 정리의 증명, 두 번째 방법은 '닮음'을 이용한 방법입니다. 똑같은 모양을 이용해서 알기 쉽게 증명해봅시다!

✓ 닮은 것에도 정의가 있다

 자, 이번엔 피타고라스 정리를 다른 방법으로 증명해보겠습니다. 이번에 사용할 방법은 상사입니다.

 상…사가 무슨 뜻인가요?

 영어로는 'similar'입니다.

 아! 닮았다는 의미인가요?

 역시 문학도답네요. 수학에서는 '서로 닮았다'라는 어쩐지 조금 촌스러운 표현을 합니다. (웃음) 그런데 일반적으로 말하는 닮았다는 개념은 기준이 모호합니다.

 그렇네요. '저 사람 연예인 A 씨랑 닮지 않았어?' '엉? 그런가?' 같이요.

네. 하지만 기하에서 닮음은 정의가 있어서 '확대·축소 복사를 했을 때 완전히 똑같은 형태가 되는 것'을 닮음인 관계에 있다고 말합니다.

<닮음>
확대·축소 복사를 했을 때 완전히 같은 형태가 되는 도형의 관계를 '닮음'이라고 한다.

흠… 그렇다면 기하 세계에서는 "저 사람은 원반 씨랑 similar다."라고 하면 얼굴 생김새나 분위기가 닮은 것이 아니라 누가 봐도 원반 씨인데 '어? 이상하네. 원반 씨가 저렇게 작았었나…?' 이런 생각이 든다는 의미군요.

네, 뭐… 얼추… 예를 들어 지도에서 몇만 분의 일 같은 것을 말하는 축척이라는 용어가 있지요. 이것이 바로 닮음입니다. 실제 국토와 똑같은 크기의 종이에 그릴 수 없으니 어쩔 수 없이 축소해서 그린 것이 지도입니다. 혹은 에베레스트 산을 그릴 때 실물 크기대로 그리려는 사람은 없겠지요. (웃음) 윤곽이 같도록 그릴 겁니다.

닮음은 다양한 곳에 활용되는군요!

 중학교에서는 어떤 대상을 바로 위에서 내려다본 가장 단순한 평면의 닮음을 다루지만 사실은 더 다양하답니다.

✔ 미니 삼각형을 찾아라!

 이번에는 조금 큰 직각삼각형을 작도하겠습니다. 여기서 닮음을 이용할 때는 미니 삼각형을 만듭니다. 닮음이라고 하면 윤곽은 같지만 크기는 다른 상태라고 말했지요. 그래서 삼각형에서는 내각의 각이 모두 같으면 닮음 관계에 있다고 할 수 있습니다.

 어떻게 만드나요?

 가장 간단한 방법은 직각이 있는 꼭짓점에서 변 c에 직각인 선을 그으면 됩니다. 이 선을 수선이라고 합니다.

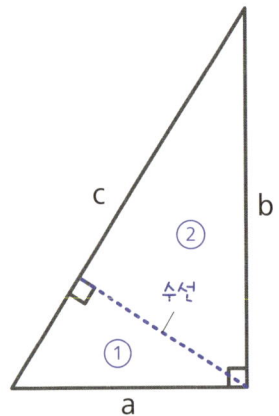
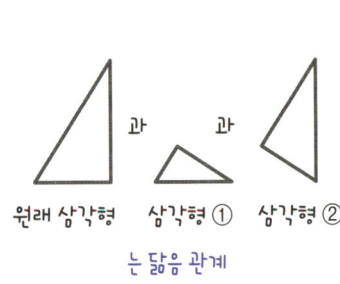

이렇게 수선으로 삼각형이 2개로 나누어져서 직각삼각형이 2개 생깁니다. 이때 생긴 작은 미니 직각삼각형을 ①, 큰 미니 직각삼각형을 ②라고 하겠습니다. 실은 ①과 ②는 모두 원래의 직각삼각형과 닮음 관계입니다. 즉, **크기만 다를 뿐 형태는 같습니다.**

 네? 또 그렇게 급하게 갖다 붙인 듯한 이야기를?

 거짓말 같지만 진짜입니다. 지금부터 그 증명을 하겠습니다. 여기서 기호를 조금 추가해서 변 c를 수선이 접하는 곳을 경계로 d와 e로 나누겠습니다.

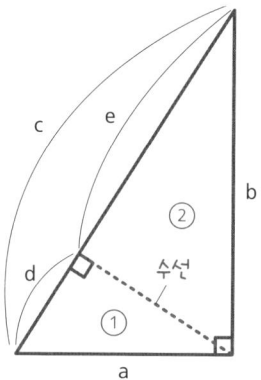

다음은 조금 번거롭지만 미니 삼각형 ①과 ②를 뒤집거나 회전해서 원래 삼각형과 같은 모양이 되도록 그리세요. 회전만 하면 이해하기 쉽지만 한 번 뒤집어야 해서 혼동하는 사람이 많습니다.

 뒤집어서 돌리기…?

네. 계란프라이를 뒤집개로 뒤집고 회전하는 것처럼 말입니다. 거의 두뇌 운동이지요. 요령을 알려드리면 '직각인 각의 위치를 맞추는 것'과 '뒤집어도 길이는 변함없으니 겁먹지 말고 과감하게 뒤집는 것'입니다.

 이걸 머릿속에서 그려 봐도 될까요?

 아니요.(단호) 이때는 무조건 직접 그리는 게 좋습니다. 이 부분이 닮음 관련 문제에서 가장 많이 실수하는 부분이라서 대응하는 변을 머릿속으로만 생각하면 틀리기 십상입니다.

 여기서 틀리면 그대로 끝장이군요.

 수학은 하나하나 정확성을 쌓아가는 과정이기 때문에 닮음이 나오면 같은 형태로 그리는 것이 기본입니다. 일단 제대로 그렸다고 합시다. 단, 이것이 정말로 닮음 관계에 있는지 판단해야겠지요.

 어떻게 판단하나요?

 간단합니다. 3개의 각이 전부 같으면 닮음 관계입니다.

아, 아까 비슷한 말씀을 하셨죠?

 그래서 각을 볼 텐데요. 도형을 풀기 위해 기호를 붙이겠습니다. 원래 직각삼각형 윗부분의 각은 '이', 왼쪽에 있는 각을 '아'라고 합시다. 혹시 눈치 챘을지도 모르지만, 삼각형에서 '세 각이 같아야 한다'라는 닮음의 조건을 충족하려면 2개의 각만 같으면 됩니다.

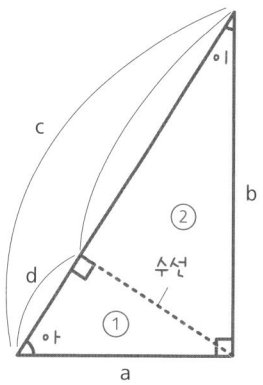

 (전혀 눈치채지 못했는데) 듣고 보니 그렇네요. 내각의 합이 180도이기 때문인가요?

 맞습니다. 2개의 각이 같으면 나머지는 180도에서 두 각을 뺀 값이므로 두 각이 같은 삼각형은 닮음 관계에 있습니다.

삼각형 ①은 각 '아'와 직각이 원래 삼각형과 같고, 삼각형 ②는 각 '이'와 직각이 원래 삼각형과 같습니다. 즉, 3개의 삼각형이 모두 닮음 관계에 있다고 할 수 있지요.

 정말 그렇네요.

 그리고 닮음에는 중요 포인트가 한 가지 더 있는데 바로 **각도뿐 아니라 세 변의 길이의 비도 같다는 점입니다. 길이 자체는 다르지만 비는 일정하다는 말이죠.**

 '비'라는 말이 확 와닿지 않는데요.

원반 씨와 닮음 관계에 있는 사람을 예로 들면, 만약 팔 길이가 1.2배 길어지면 다리 길이도 1.2배 길어져야 한다는 의미입니다.

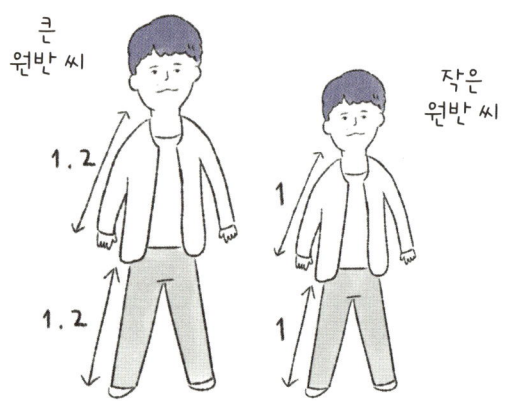

 원반 씨 덕분에 바로 이해했습니다.

<삼각형의 닮음 조건>

① 세 각이 같다.
② 세 변의 길이의 비가 같다.
③ 두 변의 비와 그 끼인각도 같다.

→ ①~③ 중 한 가지를 만족하면 닮음이라고 할 수 있다.

※ ③번 조건은 이 책에서 소개하지 않았지만, 더 궁금하다면 검색해보시기 바랍니다.

 원래 직각삼각형의 변 a와 c의 비는 삼각형 ①의 변 d와 a의 비와 같습니다. 즉, $\frac{a}{c} = \frac{d}{a}$라는 식이 성립합니다. 또한 원래 직각삼각형의 변 c와 b의 비는 삼각형 ②의 변 b와 e의 비와 같고요. 그렇다면 $\frac{c}{b} = \frac{b}{e}$라는 식이 성립합니다. 배율이 같다는 말이지요. 여기까지 이해 가나요?

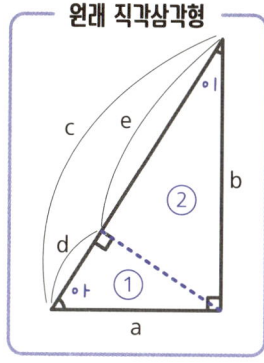
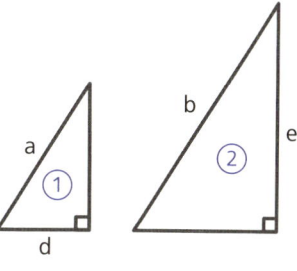

원래 직각삼각형과 삼각형 ①은 닮음인
관계에 있으므로 a:c=d:a

$$\frac{a}{c} = \frac{d}{a}$$

원래 직각삼각형과 삼각형 ②는 닮음인
관계에 있으므로 c:b=b:e

$$\frac{c}{b} = \frac{b}{e}$$

 음… 이 식 외에도 배율을 나타내는 다른 방법이 많을 텐데…. 왜 이렇게 복잡한 식으로 하나요?

 아, 좀 헷갈릴 수도 있겠군요. 하지만 지금 세운 식은 어디까지나 **피타고라스 정리를 증명하기 위한 준비 과정**으로 먼 옛날 누군가가 이렇게 식으로 나타내 봤던 겁니다. 다시 말해 무언가를 풀기 위한 식이 아니라는 말이죠.

 아, 그랬군요. 복선을 까는 중이었군요. 중간 과정은 잘 몰라도 어쨌든 마지막에 범인은 알게 된다는 거죠.

 네, 네. 맞습니다. 조금만 참고 듣다 보면 마지막에 감동적인 반전을 맞이하게 될 겁니다. 그럼 다시 조금 억지스러운 식 변형을 하겠습니다. **최종 증명을 도출하기 위한 과정**이므로 차근차근 적어나가겠습니다.

201

네. 부탁 좀 드릴게요…. (제발)

 우선 $\frac{a}{c} = \frac{d}{a}$ 에서 양변에 ac를 곱합니다. 양변에 같은 수를 곱해도 등식은 유지되니까요.

$$\frac{a}{c} = \frac{d}{a}$$

$$\frac{a}{c} \times ac = \frac{d}{a} \times ac$$

↓ 양변에 ac를 곱한다.

$$a^2 = cd \cdots\cdots ①$$

다음으로 $\frac{c}{b} = \frac{b}{e}$ 의 양변에 be를 곱합니다.

$$\frac{c}{b} \times be = \frac{b}{e} \times be$$

$$b^2 = ce \cdots\cdots ②$$

바로 여기가 번뜩이는 아이디어가 빛나는 부분인데요, 이 두 식을 더해보는 겁니다. 좌변은 좌변끼리 더하고 우변은 우변끼리 더하면 다음과 같은 식이 성립합니다.

> ①의 좌변과 ②의 좌변,
> ①의 우변과 ②의 우변을 각각 더하면
> $a^2 + b^2 = ce + cd$

 어? 뭔가 피타고라스 정리에 가까워지는 것 같은데요.

 그렇지요? 이번에는 우변의 ce+cd를 주목해 주세요. ce와 cd에 c가 있으니까 c로 묶을 수 있습니다. 인수분해를 이용해서 이런 식으로 말이죠.

> $a^2 + b^2 = c(e + d)$
> 이게 뭐였더라? ↑

자 그럼, 여기서 다시 한 번 그림을 봐 주세요.
e+d는 무엇이었죠?

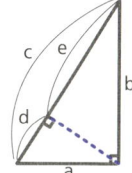

 앗! c다!

> $a^2 + b^2 = c(e + d)$
> ↓ 앗! 이건 c! 이 말인즉슨…
> $a^2 + b^2 = c^2$

자, 이렇게 $a^2+b^2=c^2$이라는 피타고라스 정리가 성립한다는 것을 증명하였습니다.

 우와아아아아! 이렇게 연결되다니!

 감동적이지요. 이것으로 닮음을 이용한 증명이 끝났습니다. 거기다 닮음의 개념까지 익혀버렸군요.

✔ 보조선을 사용해서 풀어 가자

 지금 증명에서 보면 처음에 수선을 그은 게 신의 한 수였네요. 수선을 안 그었다면 미니 삼각형, d나 e 같은 개념도 아예 없었을 테니까요.

 도형 문제는 보조선을 어디에 긋는지에 따라 실력이 좌우된다고 해도 과언이 아닙니다. 일단 보조선을 그어 보거나 모르는 길이와 각도를 문자나 기호로 나타내 보고 '아, 이런 식을 세울 수 있겠는데!'라는 생각이 떠오른 사람만이 더 빨리 진실과 가까워지는 거지요.

 도형도 의외로 단순 반복 작업이 필요하네요.

 네, 그렇습니다. '어떤 결과가 나올지 모르지만 일단 그어 볼까!'라는 실패를 두려워하지 않는 도전 정신이 중요합니다. 보조선을 긋는 방법 중 활용도가 높은 네 가지 방법을 소개하겠습니다.

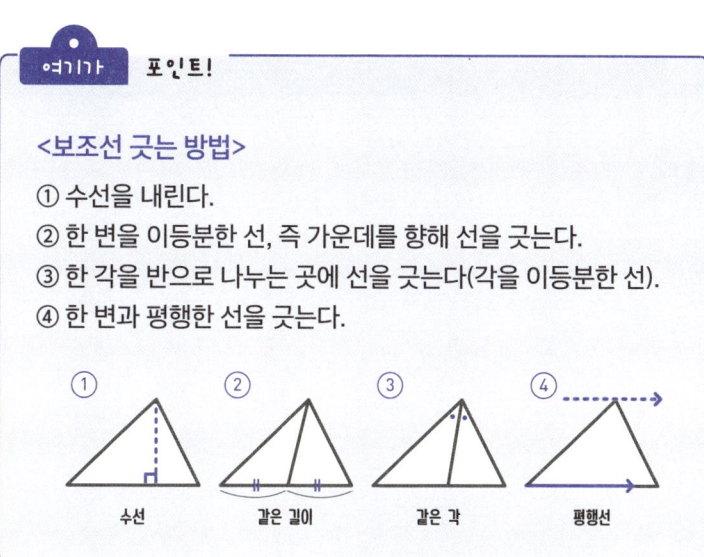

<보조선 긋는 방법>
① 수선을 내린다.
② 한 변을 이등분한 선, 즉 가운데를 향해 선을 긋는다.
③ 한 각을 반으로 나누는 곳에 선을 긋는다(각을 이등분한 선).
④ 한 변과 평행한 선을 긋는다.

이렇게 네 가지 방법으로 보조선을 그으면서 이전에 공부한 맞꼭지각, 엇각, 동위각을 하나씩 써 나가면 대부분 해결의 실마리가 보입니다.

 이 보조선 외의 다른 선은 그어도 별 의미가 없다는 말인가요?

 다른 방법을 찾자면 도형과 도형이 교차하는 점끼리 연결하는 방법 정도가 있겠네요. 그 외에는 도형의 성질을 활용할 수 없기 때문에 선을 그으면 오히려 알 수 없는 요소가 늘어날 뿐입니다.

 엇각이나 피타고라스 정리처럼 규칙을 적용할 수 있는 도형을 추리해서 찾아가는 것이 풀이의 과정이군요.

건축, 측량에 빼놓을 수 없는 닮음

닮음은 중요한 개념이라고 하셨는데요, 실생활에서는 어떻게 활용하나요?

네, 삼각측량이라고 높이를 재는 방법이 있는데요, 너무 커서 직접 잴 수 없는 것을 닮음 관계에 있는 축소판으로 재는 방법입니다. 한 예로 학교 운동장에 있는 나무도 줄자와 막대만 있으면 잴 수 있습니다.

네에? 그거 대박인데요. 나중에 딸아이에게 '아빠 짱이야!'라는 말을 꼭 들어야 하니까 제발 가르쳐 주세요.

간단합니다. 먼저 높이가 1m인 막대를 나무에서 떨어진 곳에 세웁니다. 그런 다음 막대의 꼭대기와 나무의 꼭대기가 겹쳐 보이는 위치에 자리를 잡습니다. 그리고 자신의 머리가 있는 위치를 표시하고 줄자로 막대까지의 거리와 나무까지의 거리를 잽니다.

만약 막대까지 거리가 2m이고 나무까지 거리가 20m라고 가정해봅시다. 너무 거리가 멀면 보폭과 걸음 수로 계산해도 상관없습니다. 이렇게 잰 결과를 그림으로 나타내면 이렇게 됩니다.

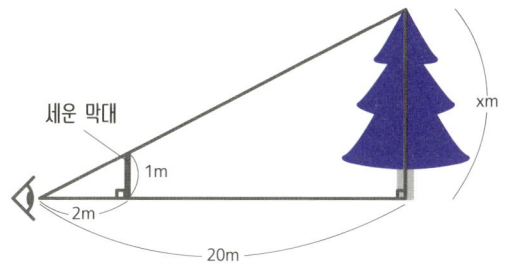

즉 '길이가 1m인 막대와 자신의 머리 사이에 생긴 삼각형'과 '나무와 자신의 머리 사이 생긴 삼각형'은 닮음 관계에 있습니다.

이 닮음의 배율은 20m÷2m로 10배가 됩니다. 즉, 높이는 막대의 길이 1m를 10배로 하면 나무의 높이가 된다는 말이죠. 그러면 나무의 높이는 1m×10=10m가 되는 것을 알 수 있습니다.

 와, 굉장해! 게다가 생각보다 단순해요!

 닮음은 단순하면서도 엄청 편리하지요. 덧붙이자면 천문학과 항해에서도 사용된답니다. ♪

피타고라스 정리의 증명 ③ 원의 성질을 사용해보자

마지막을 장식하는 것은 도형 중에서도 친숙한 원을 사용하는 방법입니다. 원의 성질을 익혀 두면 도형을 한 단계 깊이 이해할 수 있습니다.

✔ 딱 떨어져서 감동적인 원주각의 성질

세 번째 증명에서 사용하는 도형은 원입니다. 증명 마니아가 보면 '이게 가능할까?'라고 생각할지도 모르지만, 중학교 수학에서 원의 성질도 함께 익히기 좋은 방법이랍니다.

그 말은 별로 알려지지 않은 증명 방법이라는 말인가요?

그게 사실은 이번 시간을 위해서 제가 고안한 방법이라서 알려졌는지 아닌지 알 수 없습니다. (웃음) 이번에는 복선이 길기 때문에 원과 삼각형에 대해 미리 알아 두어야 할 중요한 성질을 두 가지만 먼저 공부하고 가겠습니다. 원주각의 성질과 방멱의 정리입니다. 이 두 가지를 먼저 공부한 후에 조금 전에 끝낸 닮음을 사용한 증명과 비슷한 방법으로 피타고라스 정리를 증명하겠습니다.

긴 여정이 될 것 같은데 이렇게 먼저 방향을 말씀해 주시니 정신적으로 안정이 됩니다.

먼저 원주각의 성질부터 하겠습니다. 기하에서 엄청나게 중요하면서도 편리한 개념입니다. 우선 원을 그리고 그 안에 3개의 꼭짓점이 모두 원과 접하는 삼각형 ABC를 그립니다.

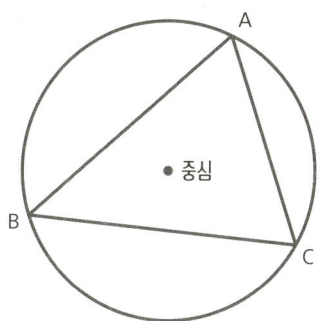

이런 모양이 되겠지요. 덧붙여 이렇게 꼭짓점이 모두 원과 접하는 것을 내접이라고 합니다.

 삼각형은 어떤 모양이든 상관없나요?

 네. 상관없습니다. 그런 다음 원의 중심과 삼각형 ABC에서 2개의 꼭짓점 B, C를 직선으로 연결합니다. 보조선을 2개 긋는 거지요. 그러면 삼각형 ABC 안에 또 다른 삼각형이 생깁니다.

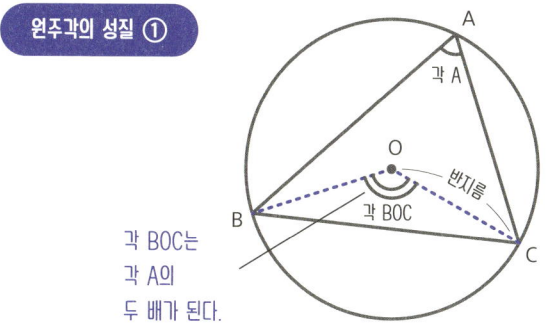

이건 닮음이 아닌 것 같은데요?

딱 봐도 각도가 다르지요. 실은 ① 중심선 부분에 생긴 각은 각 A의 두 배가 됩니다. 이것이 원주각의 첫 번째 성질입니다.

오호!

그렇다면 왜 두 배가 되는지를 증명해볼까요. 우선 꼭짓점 A에서 원의 중심을 통과하는 선을 그어 봅니다. 그러면 각 A가 2개로 나누어지는데 이때 생기는 각을 각각 x, y라고 하겠습니다.

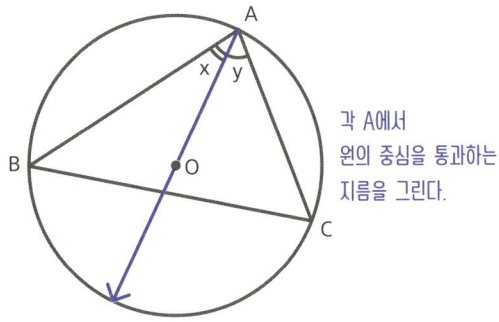

각 A에서
원의 중심을 통과하는
지름을 그린다.

다음에 나올 내용이 바로 핵심인데요, 원의 중심을 통과하면서 변 AB와 변 AC 각각에 평행한 평행선을 그립니다. 우선 변 AB의 평행선을 그려 볼까요. 그러면 무엇이 보이나요?

오! 옆으로 미끄러져 이동한 동위각이 보입니다.

훌륭하군요. 그림에서 이곳은 동위각이므로 x가 됩니다. 다음은 바로 보이지 않을지 모르지만, 이것은 원이므로 그림의 삼각형 OAB는 이등변 삼각형입니다.

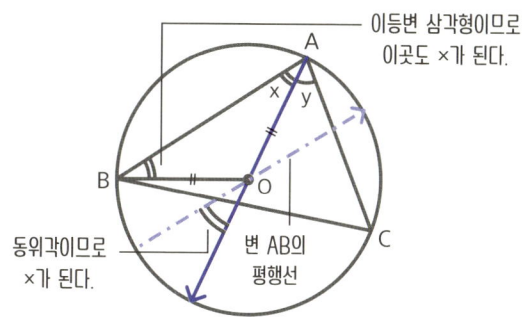

 오! 왠지 아까부터 오~만 남발하는 것 같지만, 들어맞는 게 신기하네요.

 그렇지요? 이등변 삼각형의 성질은 두 변의 길이가 같을 뿐 아니라 두 각의 크기도 같습니다. 그래서 여기도 x가 됩니다. 아, 엇각도 보이네요.

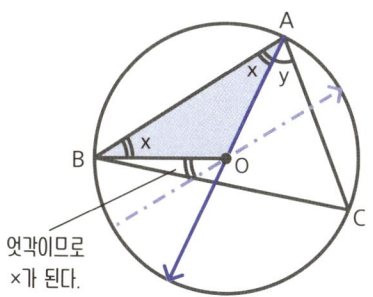

 어! 진짜네?

 엇각이므로 여기도 x가 됩니다. 즉, x가 두 개 있으니 x의 두 배입니다.

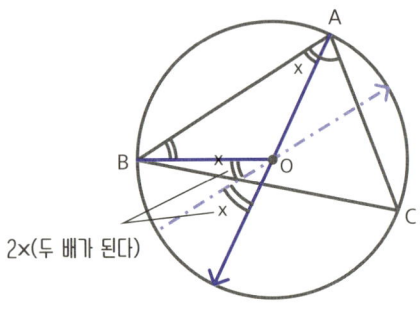

y도 똑같은 순서로 하면 2y가 됩니다.

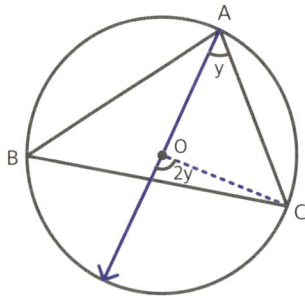

즉, 보조선 2개로 생긴 삼각형의 각은 2(x+y)입니다.

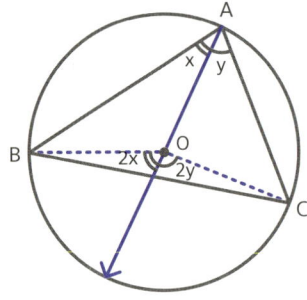

x+y는 각 A이므로 각 A의 두 배가 되는 거지요.

퍼즐처럼 딱딱 들어맞네요.

 저도 처음에 감동했습니다. 참고로 이 원주각의 성질은 중학교에서 배우는 원의 성질 중에서 마지막에 나오는데요, 이렇게 해보면 그렇게 어렵지는 않습니다.

 그런데 만약 원의 중심이 원 안에 그린 삼각형의 바깥쪽에 있을 때도 사용할 수 있나요?

 좋은 질문입니다. 그럴 때도 사용할 수 있습니다. 이런 형태를 말하지요.

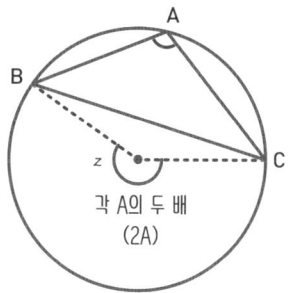

이런 형태에서도 원주각의 성질은 성립하지만, 신경 써야 할 부분은 각 z의 위치입니다.

 아, 좁은 쪽 각인지 넓은 쪽 각인지 헷갈리네요.

 답을 말하자면 넓은(180도를 넘는) 쪽입니다.

 음… 그냥 보기엔 이해가 안 됩니다.

하지만 여기서도 증명 방법은 완전히 똑같습니다. 원의 중심에서 보조선을 긋고 평행선을 2개 그려서 엇각과 동위각을 추가하면 두 배인 것을 알 수 있답니다.

 180도 이상은 왠지 각도로 인식하기 어려운 감이 있지만 같은 과정이니까 알 수 있을 것 같네요.

 그렇죠. 말이 나온 김에 이 그림을 사용해서 원과 사각형의 재미있는 성질도 짚고 넘어가도록 하지요. 지금 그림에서 다른 한 점, 원 위에 점 D를 찍어서 사각형을 만듭니다. 각 A의 반대편에 있는 각을 각 D라고 합시다.

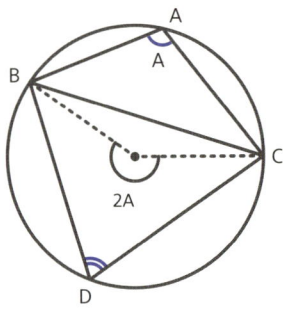

그러면 원주각의 성질에 의해서 중심각이 2A가 아닌 좁은 쪽의 각이 각 D의 두 배가 된다는 사실을 알겠습니까? 아까 보았던 삼각형을 뒤집어서 보는 겁니다.

 아… 네, 네.

 여기서 원의 중심에 주목하기 바랍니다. 2A와 2D를 더한 것은 360도가 됩니다. 식으로 쓰면 2A+2D=360도입니다.

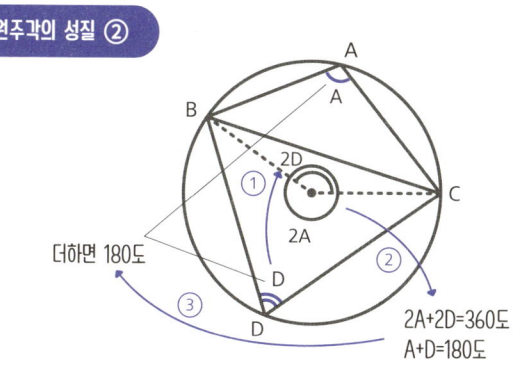

여기서 2가 방해되니까 양변을 2로 나누면 A+D=180도입니다.

네. 그런데 이게 어떤 의미인가요?

② 원에 내접하는 사각형이 있을 때 마주 보는 내각을 더하면 항상 180도가 된다는 의미입니다.

아, 그렇구나. 기하는 다양하게 연결되어 있네요!

원에 내접하는 삼각형의 또 다른 형태도 있습니다. 삼각형이 원의 중심을 통과하는 방식이지요.

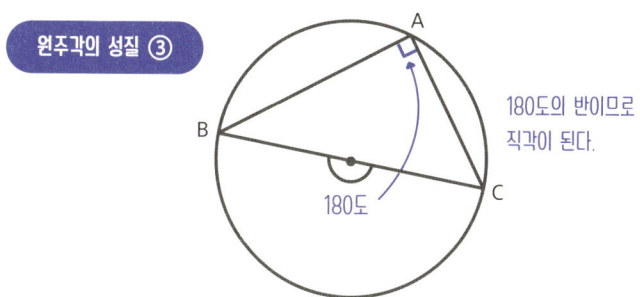

비뚤어진 학생이 그릴 법한 그림인데요. (웃음)

덮어놓고 예외부터 찾는 학생이지요. (웃음) 이럴 때 중심점의 각도는 180도가 되겠지요. 다시 말해 각 A는 중심각의 반이므로 90도, 즉 직각이 됩니다.

이것도 익혀 둬야 할 원주각의 성질로, ③ 원에 내접하는 삼각형이 원의 중심과 접할 때 그 삼각형은 항상 직각삼각형이 된다는 성질이 있습니다.

와~ 원주각의 성질은 완전 만능이네요?

그러니 원주각의 성질 ①~③은 꼭 외워 두시길 바랍니다.

<원주각의 성질>
① 중심 부분에 생긴 각은 각 A의 두 배가 된다.
② 원에 내접하는 사각형이 있을 때 마주 보는 내각을 더하면 항상 180도가 된다.
③ 원에 내접하는 삼각형의 변이 원의 중심을 통과하면 그 삼각형은 항상 직각삼각형이 된다.

✓ 똑같은 삼각형이 보인다! 방멱의 정리

 자, 이제 원과 삼각형의 두 번째 성질을 설명하겠습니다. 우선 원을 그립니다. 그리고 이번에는 내접하지 않고 2개의 꼭짓점은 원 위에 있지만 세 번째 꼭짓점은 원을 뚫고 나간 삼각형을 그립니다. 이 삼각형도 어떤 모양이든 상관없습니다. 다음으로 삼각형이 원을 벗어나는 부분에 주목해서 삼각형과 원의 교점을 직선으로 이어주세요. 교점은 2개 생기겠지요.

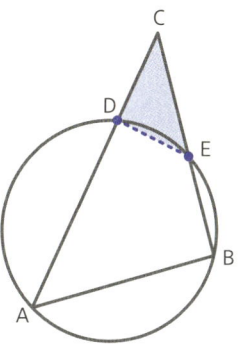

 네, D와 E가 있습니다. 아! 삼각형 안에 미니 삼각형이 생겼네요.

 튀어나온 삼각형 EDC입니다. 이 삼각형 EDC를 뒤집으면 원래 삼각형 ABC와 닮음 관계에 있습니다. 그래서 그림에서 보듯 모든 각이 같습니다.

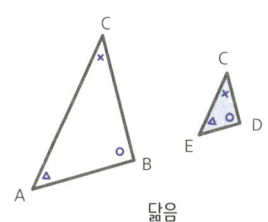

닮음

오오~ 완전 신기해!

 이것이 원과 삼각형의 두 번째 성질로, 방멱의 정리라고 합니다. 조금 전 원에 내접하는 사각형에서 서로 마주 보는 두 각의 합은 180도가 된다는 말을 떠올리면 증명은 바로 가능합니다. 아, 그리고 방금 미니 삼각형을 만들 때 보조선을 그었는데요, 이때 의도치 않게 원에 내접하는 사각형 ADEB도 그렸습니다.

 앗, 그렇네요.

 다시 말해 각 B와 마주 보는 각 ADE는 180도에서 각 B를 뺀 것입니다(원주각의 성질 ②). 더하면 180도가 되니까요.
즉, 각 ADE=180도-각 B로 나타낼 수 있습니다.

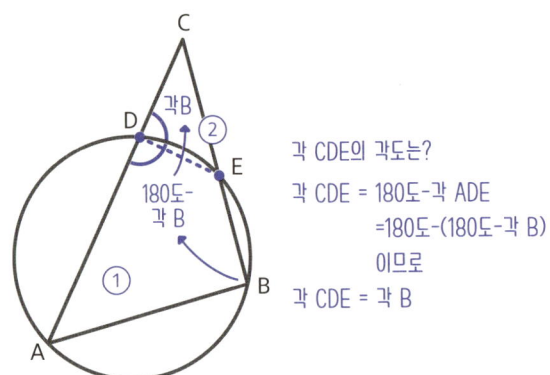

이때 각 CDE는 몇 도일까요?

 음… 180도에서 (180도-각 B)를 뺐으니까 각 B가 되네요(위의 그림 ②).

이걸로 증명 끝! (웃음) 아까 삼각형 닮음의 조건으로 두 각이 같으면 닮음이라고 했지요.

 아하! 세 번째 각은 어차피 같을 수밖에 없으니까요.

 맞습니다. 이번에는 삼각형 2개가 처음부터 같은 각을 공유하고 있는 데다 각 B도 같기 때문에 닮음 관계에 있다고 말할 수 있다는 겁니다.

 이렇게 명쾌할 수가…

<방멱의 정리>
삼각형의 두 점은 원 위에 있고 다른 한 점이 원의 바깥에 나와 있을 때 큰 삼각형과 작은 삼각형은 닮음 관계에 있다.

✔ 닮음을 이용한 증명을 살펴보자

 이렇게 원에 관한 기본적인 성질을 파악했으니 이제는 닮음을 이용해 피타고라스 정리를 증명하는 단계로 넘어가겠습니다.

 드디어 목적지가 가까워지고 있네요!!

기대하시라고요! 자, 그림을 하나 더 그리겠습니다. 지금부터 보조선을 긋고 기호를 붙여 나갈 텐데요. 이는 증명을 위한 것이니 '왜 이런 보조선을 긋는 걸까?'라고 고민하지 마시길. 먼 옛날 위대한 사람이 이리저리 머리를 굴려 가며 이런저런 시도를 하다가 증명되었을 뿐이니까요.

 넵! 알겠습니다!

 먼저 직각삼각형 ABC의 점 A를 중심으로 하고 반지름이 b인 원을 그립니다. 그리고 중심인 A를 통과하고 CA를 늘여서 원과 만나는 점을 D라고 하겠습니다. 그리고 B와 D를 선으로 연결합니다. 그러면 방멱의 정리에서 사용한 2개의 꼭짓점이 원 위에 있고 1개의 꼭짓점이 원의 바깥쪽으로 튀어나온 삼각형 BCD가 생깁니다. 이는 삼각형이 원에서 나온 부분에 보조선을 그어서 생기는 미니 삼각형(색칠한 부분)과 큰 삼각형이 닮음 관계에 있다는 말입니다.

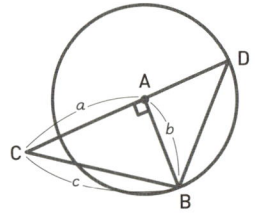 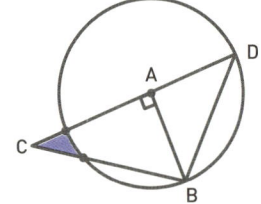

큰 삼각형 BCD와 밖으로 나온
작은 삼각형(색칠한 부분)은 닮음 관계

 아아…. 이럴수가.

 이제부터 닮음을 이용한 증명에서 했던 변과 변의 비가 같다는 특징을 활용해서 식을 세워 보겠습니다.

그야말로 번뜩임이 번뜩이는 세상이네요.

 그렇지요? 이제부터 단계적 사고력이 꽤 많이 필요하니까 집중해 주세요. 우선 변 a를 볼까요. 변 a에서 원과 만나는 곳까지 길이는 b 입니다. 원의 반지름이니까 변 b와 같다고 할 수 있습니다.

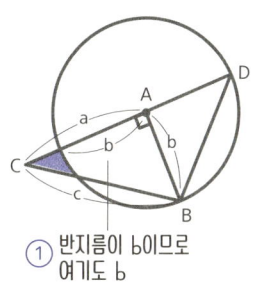

① 반지름이 b이므로 여기도 b

그 말은 변 a에서 원 밖으로 나간 길이는 a-b로 나타낼 수 있다는 말입니다. 이로써 미니 삼각형의 한 변을 기호로 나타낼 수 있습니다. 큰 삼각형 BCD에서 변 c에 해당하는 변입니다. 이해되나요?

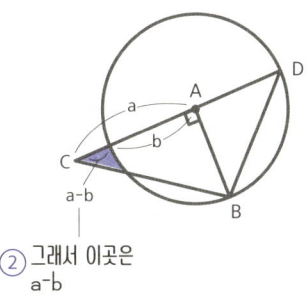

② 그래서 이곳은 a-b

 오호! 저도 순간 '번뜩'하는 느낌이 난 것 같습니다!

 이것으로 닮음의 비가 한 쌍 만들어졌습니다.

다음으로 볼 것은 미니 삼각형과 큰 삼각형에서 가장 긴 변입니다. 큰 삼각형부터 보겠습니다. 큰 삼각형은 변 a를 쭉 늘였는데 이때 원의 반지름만큼 늘어났기 때문에 이 길이도 변 b와 같습니다. 다시 말해 큰 삼각형의 가장 긴 변은 a+b로 나타낼 수 있겠지요.

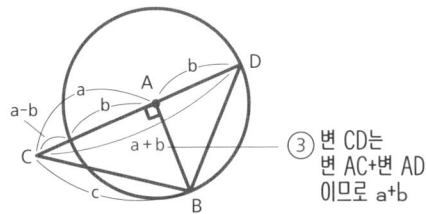

아, 그러네요!

여기서 살짝 복잡한 것이 미니 삼각형입니다. 먼저 A에서 변 c에 수선을 내립니다. 그리고 수선을 내린 점에서 B까지의 거리를 e라고 하겠습니다.

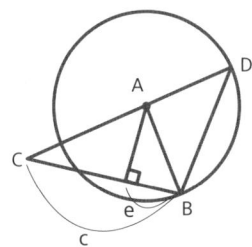

여기서 변 c에 주목해주세요. 지금 가지고 있는 정보는 e의 길이밖에 없습니다. 이제부터 보조선의 마법이 시작될 텐데요. 변 c가 원과 교차하는 점과 원의 중심을 잇는 보조선을 그립니다. 그러면 이등변 삼각형이 나타납니다.

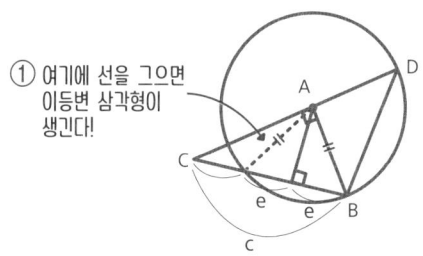

아! 여기서도 두 변이 반지름 b군요.

(짝짝짝) 훌륭합니다. 그렇다면 이 이등변 삼각형의 밑변은 e가 2개로 이루어져 있습니다. 왜냐면 수선을 내리면 밑변이 이등분되기 때문입니다. 즉, 미니 삼각형에서 가장 긴 변은 변 c에서 e를 2개 뺀 것으로 c-2e로 쓸 수 있습니다.

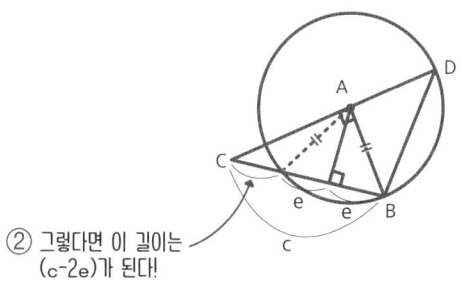

이것으로 모든 준비가 갖추어졌습니다. 여기까지 괜찮습니까?

점점 머릿속이 하얘지기 시작합니다… 이제 한계가 보입니다…

힘내세요, 이제 마지막입니다! 크고 작은 2개의 삼각형은 닮음 관계에 있으므로 변의 길이의 비는 동일하겠지요. 즉, 삼각형을 각각 그려 보면 이렇게 됩니다.

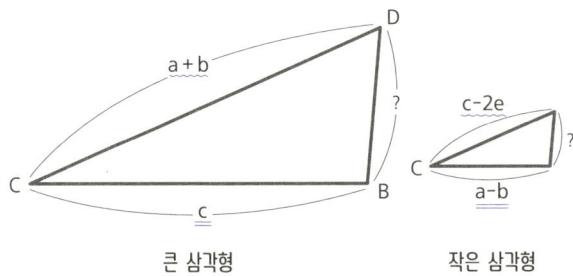

큰 삼각형   작은 삼각형

여기서 방멱의 정리를 적용하면 이런 식이 성립합니다.

$$(a+b) : c = (c-2e) : (a-b)$$
즉,
$$(a+b) \times (a-b) = c \times (c-2e)$$

그렇다면 이렇게 식 변형을 할 수 있습니다.

$$a^2 - ab + ab - b^2 = c^2 - 2ce$$
$$\therefore a^2 - b^2 = c^2 - 2ce$$

 엥? 피타고라스가 살짝 떠오르는데요?

그렇죠? 하지만 마지막에 남겨 둔 e가 문제입니다. (웃음) 어떻게 하면 좋을까요? 힌트는 원래의 직삼각형을 다시 그리는 겁니다. 그리고 닮음을 떠올려보세요. 갑자기 많은 정보가 들어와서 잊어버렸을지도 모르지만 처음 닮음을 설명할 때 **직각삼각형에서 수선을 내리면 닮음 관계에 있는 삼각형이 3개 생긴다고** 했습니다(196페이지).

 그랬…었죠. (그랬던가…)

 그 말은 이 미니 삼각형과 원래 삼각형은 닮음 관계에 있기 때문에 변 길이의 비도 같다는 말이 됩니다. 어떤 비가 되는지는 미니 삼각형을 같은 모양이 되도록 뒤집은 후 회전시키면 됩니다. 그러면 미니 삼각형의 변 b는 원래 삼각형의 변 c, 변 e는 원래의 변 b에 대응합니다. 이것을 식으로 나타내면 $\frac{c}{b} = \frac{b}{e}$가 됩니다.

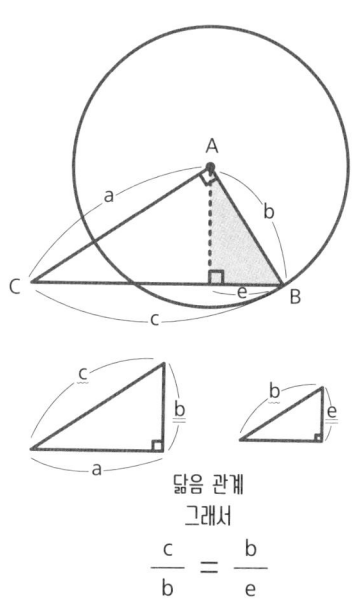

225

분모가 방해되니까 양변에 be를 곱하면 ce=b²이 됩니다. 지금 알고 싶은 것은 e이므로 c를 우변으로 이항하면 $e=\frac{b^2}{c}$이 되는 것을 알 수 있습니다. e의 정체가 밝혀졌으니 이제는 e라는 기호를 쓰지 않아도 됩니다.

선생님… 제발. 이제 눈앞도 흐려지기 시작했습니다…

조금만 참으세요. 고지가 눈앞에 있습니다!

애초에 a²-b²=c²-2ce에서 e가 방해가 됐죠. 하지만 이제 $e=\frac{b^2}{c}$이라고 알게 됐으니 e에 $\frac{b^2}{c}$을 대입해봅시다.

$$a^2 - b^2 = c^2 - 2ce$$

여기서 e에 $\frac{b^2}{c}$을 대입

$$a^2 - b^2 = c^2 - 2c \times \frac{b^2}{c}$$

$$a^2 - b^2 = c^2 - 2b^2$$

-2b²을 좌변으로 이항하면

$$a^2 + b^2 = c^2$$

이제 됐습니다. 피타고라스 정리를 증명했습니다!

드, 드디어어어어…!!! (감격)

이것으로 피타고라스 정리의 세 가지 증명이 끝나고 더불어 중학교 3년 과정의 도형도 전부 끝났습니다!

 솔직히 마지막 부분에서는 거의 정신을 놓고 있었지만, 대수와 비교하면 도형이 훨씬 이해하기 쉽고 퍼즐을 맞추는 것처럼 재미도 있었습니다.

 다행이네요! 어쨌든 이로써 중학교 수학의 대수, 해석, 기하를 모두 물리쳤습니다. 중학교 졸업을 진심으로 축하합니다!

 고맙습니다!!! (오열)

COLUMN
담당 편집자의 에피소드 - 문과 외길 인생

중학교 수학을 공략하라!

중학교 수학의 끝판왕 '이차방정식'과 해석의 끝판왕 '함수'를 물리치고 마지막으로 기하의 '피타고라스 정리'까지 해치웁시다!

✓ 드디어 감동의 수포자 탈출?

크으… 드디어 중학교 수학을 마쳤네요. 선생님, 그러면 제가 혹시 명문 고등학교 입시 기출 문제를 풀 정도의 수준은 될까요? (두근두근)

최상위 학교 수준이라면 응용문제가 많을 터라 '풀 수 있다, 없다'라고 꼬집어 말할 수는 없지만 아마 이번 수업을 이해했다면 기출 문제를 두세 번 보고 나면 풀 수 있지 않을까요. 적어도 답지를 보면 이해할 수준은 될 겁니다.

적어도 문제의 의미는 알 수 있다는 말이군요.

네. 맞습니다. 최단 경로로 오긴 했지만, 중요한 계단은 거의 다 밟았다고 보면 됩니다. 중학교 교과서에 나오는 키워드를 정리해보면 우리가 어떤 걸 했는지 알 수 있지요.

Keywords (큰 글자)

중1
자연수(양수)
수직선, 절댓값
교환법칙, 결합법칙, 분배법칙
2승(평방), 3승(입방), 거듭제곱, 지수
역수
항, 계수, 방정식, 부등식, 이항
일차방정식, 비례식(a:b=c:d), 반비례
함수, ( ), 쌍곡선, 좌표
평행이동, 선분, 호, 현, 이등분선, 접선
부채꼴, 중심각, 원뿔, 각뿔, 정다면체, 부피

중2
다항식, 일차식, 이차식, 동류항
연립방정식, 대입법, 가감법
일차함수 $y=ax+b$
a: 변화 비율, 기울기 b: 절편
내각, 외각, 맞꼭지각, 동위각, 엇각
합동

중3
전개, ( ), 인수분해(영화감독 예)
제곱근
무리수
이차방정식 (제곱근, 근의 공식, 인수분해) $\sqrt{e}$의 e는
양수만- 제한- 음수도 OK(고등학교)
$y=ax^2$, 포물선
닮음, 닮음비, 원주각의 성질, 피타고라스 정리

우와, 진짜 거의 다했네?

 가르치는 방법에 따라서는 단번에 정상에 오를 수 있답니다. 이후에 불안하거나 부족한 부분은 조금 더 공부하면 되지요.

 저 같은 성인은 이번처럼 속도를 내서 중요한 부분만 짚는 게 이해도를 높이는 데 좋은 것 같습니다.

 그렇습니다. 학생들은 시험이 있으니 반복적으로 응용 문제를 푸는 연습이 필요하겠지만 성인은 교과서대로 배우는 것보다 이렇게 핵심만 짚는 게 훨씬 효율적이고 주제가 금세 바뀌지 않아서 이해하기가 쉽지요.

 그렇군요. 그래도 시간이 남으면 고등학교 문제를 풀어도 좋겠네요.

 맞습니다. 단시간에 이해했다면 다음 과정으로 넘어가고 싶은 사람은 넘어가면 됩니다.

 그렇겠죠?(씨익)

 가, 갑자기 왜 그러시죠?(무섭)

 아니, 사실은 말이죠. 중학교 수학만으로도 실생활의 문제는 충분히 해결할 수 있다는 것을 이해했지만, **중·고등학교 수학에서 해석의 목적지는 미적분**이라고 하지 않았습니까. 특히 미적분은 인류의 보물이라고까지 극찬하셨잖아요.

그건 틀림없는 사실입니다!! (단호)

 그렇다면 미적분의 분위기만이라도 가르쳐 주시면 안 될까요? 제가 수학을 때려치우게 된 원인이 바로 미적분이거든요. 지금 이 기세라면 고등학교 수학도 할 수 있을 것 같습니다. 문제를 풀 정도가 아니라도 상관없습니다. 얼마나 편리한 도구인지만이라도 알게 된다면 딸 앞에서 조금은 거만한 표정으로 자랑할 수 있지 않을까 싶어서요.

 너무 깊은 곳까지 가지 않고 술술 설명하는 것뿐이라면 불가능한 이야기도 아닙니다.

 너무 깊은 곳까지 가지 않아도 전혀 문제없습니다. (아니, 가지 마세요.)

 깊은 곳까지 들어갈 필요도 없다는 표정이군요. 좋아요. 그렇다면 덤으로 고등학교 수학도 휘리릭 나가 볼까요.

6일째

<특별 수업>
수학의 최고봉, 미분·적분을 체험해보자!

초등학생도 이해하는 미분·적분

중학교 수학까지는 버텼지만, 고등학교 수학에 접어들자마자 문과형 인간을 대거 양산한 미분·적분을 이해해보려 노력해봅시다. 수학 알레르기가 덧나기 전에 말입니다.

✔ '미'세하게 '분'리해서 '미분'

 오늘은 김수포 씨의 요청에 따라 해석의 끝판왕 미적분 수업을 하겠습니다.

 제 막무가내 부탁을 들어주셔서 고맙습니다. 미적분은 저에게 진짜 트라우마로 남아 있어서요.

 여기서 좌절하는 사람이 많습니다. 하지만 저는 초등학생에게도 미적분을 가르치니까 미적분 수업은 맡겨만 주세요.

 초등학생?

 네. 계산은 하지 않지만, 개념만큼은 제대로 이해할 수 있도록 해드리지요. 특히 미분의 개념이 중요하기 때문에 그 설명부터 시작하겠습니다. 우선 해석이라고 하면 사람에 따라 이미지가 다르겠지만 수학적으로 말하면 잘게 쪼개서 조사하는 것입니다. 대강 조사하는 것이 아니라 세세하게 나누어 조사하는 것이 미분입니다.

아, 혹시 미세하다 할 때 그 '미'인가요?

 맞습니다. 미세(微)하게 분리하기(分) 때문에 미분(微分)이라고 합니다.

실은 제가 '국제 낭비 제거 학회'의 학회장으로 본업인 연구 이외에 '개선'을 숙원 사업으로 삼고 있습니다.

 아! 그래서 교과서에서 불필요한 부분에 민감하셨던 거군요. (웃음)

 그렇지요! 그리고 '개선'이라고 하면 일본의 자동차 회사 도요타가 유명합니다.

 앗! 저 그거 들어본 적 있습니다. 카이젠(KAIZEN)이라고 하죠? 회사 경영 방식을 꾸준히 개선한다는 뜻으로요. 영어 사전에도 등재된 걸로 알고 있습니다.

 그렇습니다. 바로 그 도요타의 표어가 "나누면 알게 된다."입니다. 이는 전체를 바라보면 모르고 지나칠 수 있지만, 작업을 잘게 나누어 보면 필요 없는 것이 보인다는 의미입니다. 그리고 그것이 전체를 개선해 가는 첫걸음이라는 말이지요. 철저히 미분적 사고방식입니다.

✅ 머리카락 한 올로 미분·적분 개념 끝내기

 아하! '미'세하게 '분'리해서 미분. 오케이… 그러면 적분은요?

 적분은 잘게 나눈 것을 다시 쌓아 올려 전체로 되돌리는 것입니다. 미분과 완전히 반대 개념이지요. 여기서는 평소 제가 초등학생에게 가르치는 방법으로 미분·적분을 설명하겠습니다.

 아… (동공지진)

 초등학생 3학년도 쉽게 이해하니까 안심하세요. (웃음) 우선 '머리카락 길이를 재 보자'라며 시작합니다. 머리카락은 모발의 질에 따라 다르겠지만 어느 정도 길어지면 직선이나 포물선 모양이 아니라 구불구불해집니다. 그렇게 구부러진 머리카락을 투명 접착 테이프로 고정해서 종이에 붙입니다.

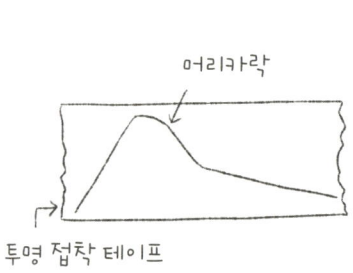

여기서 아이들의 긴장을 풀어주기 위해 저만 웃길 수 있는 한 마디를 합니다. "선생님도 머리카락 한 올만"

(웃음 꾹) 그런 자학 개그를….

 이래 봬도 한 번도 실패한 적 없는 개그랍니다. 그러고 나서 아이들에게 막대자를 나눠 줍니다. 그리고 이 자로 머리카락의 머리를 재라고 하면 "못 재요!", "머리카락이 구불구불해서 안 되잖아요!"라고 아주 야단법석입니다.

그때 방법을 바로 알려주지 않고 "잘 생각해보렴"이라고 하고 잠시 생각할 시간을 주면 '잘게 쪼개서 재어 보자!'라는 아이디어가 나옵니다.

 아하! 막대자는 어차피 직선이니까 잴 수 있는 범위 내에서 조금씩 나눠서 잴 수밖에 없군요.

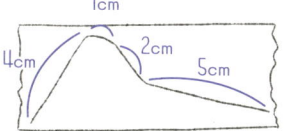

맞습니다. 머리카락 끝에서 시작해서 구부러지기 전까지 조금 재고 또 다음 구부러진 곳까지 조금 재고… 이런 식으로 말이죠. 아이들이 그 발상을 떠올리면 제 수업의 목적은 달성했다고 볼 수 있습니다.

그렇게 잰 걸 모두 더하기만 하면 되니 간단하네요. 머리카락이 발뒤꿈치까지 닿는 친구는 조금 힘들겠지만…

(웃음) 이렇게 잘게 나누어서 계측하는 작업이 미분이고 그것을 다시 더해 가는 작업이 적분입니다. 나눈(分) 것을 쌓으(積)니까 적분(積分)이지요.

헉! 그토록 많은 문제를 풀고도 지금까지 미적분의 용도를 몰랐는데 개념만 이해했는데도 벌써 알 것 같은 기분입니다!

✓ 잘게 나눌수록 확연하게 보이는 문제점

어려운 말을 사용하지 않아도 미적분의 개념을 체감할 수 있었지요? 다시 반복하지만 '자신이 잴 수 있고 다룰 수 있는 수준까지 나눈다'는 사고방식이 중요 포인트입니다. 고등학교까지 아껴두지 말고 초등학교 수업에 도입하는 게 좋을 텐데 말이죠.

그렇군요. 딸이 크면 집에서도 한번 해보겠습니다.

사실 중학교 수학으로 치면 아이들에게 나누어 준 막대자는 일차함수라고 할 수 있으며 가장 단순한 도구입니다. 중학교에서는 포물선도 배우니까 일차함수로 U자로 굽은 선을 잴 수 있게 됩니다. 이것이 삼차, 사차가 되면 더 구불구불한 곡선을 한 번에 잴 수 있게 되는데요, 미분만 하면 일차로 충분합니다.

 헉! 또 말도 안 되게 바로 이해됩니다!

 (웃음) 미적분은 복잡한 것을 파악하는 방법에 혁명을 일으켰습니다. 과제 해결 방법을 알려 주었으니까요. 즉, 복잡한 것도 잘게 나누면 단순해진다. 단순해진 것은 계측하기 쉽고 불필요한 것도 눈에 잘 띈다. 그 작업이 끝나면 다시 더하면 된다. 이것이 미적분의 본질적인 사고입니다.
예를 들어 축구팀의 성과를 올려야 한다는 과제가 생겼을 때 무작정 슛을 연습하거나 달리기만 괜히 반복한다고 해서 팀이 강해질 수 있는지를 알 수 있는 건 아닙니다. 슛이나 달리기가 결점이 아닐 수도 있기 때문이죠. 하지만 '먼저 수비력을 살펴보자'라고 수비에만 집중하면 수비의 결점이 보이기 시작합니다.

 해야 할 일이 뚜렷하게 드러나겠군요.

 네. 다른 방법으로 잘게 나눌 수도 있습니다. 선수 한 명 한 명으로 나누어 볼 수도 있지요. 더 나아가 선수 개인을 여러 가지 능력으로 나누어 관찰하는 이상적인 방법도 있고요.

'A 선수는 체력이 부족하니까 특별 메뉴와 달리기로 체력을 단련하자'와 같은 구체적인 대책이 생기겠군요. 우리가 일상에서 문제를 해결할 때 자주 쓰던 방법이랑 비슷하네요.

그렇습니다! 잘게 나눌수록 해야 할 과제가 점점 구체적으로 보입니다. 그리고 마지막으로 더하면 되는 겁니다. 그렇다고 해서 실제 수학에서 하는 적분이 단순한 덧셈은 아니지만, 우선은 개념을 파악하는 것이 중요하니까요.

이제야 광명을 찾은 기분입니다. (울먹) 이것을 알고 있는지 아닌지에 따라 미적분의 이해도가 달라지겠네요. 고등학생 때의 나에게 연락할 방법만 있다면 알려 주고 싶네요…

✔ 미분·적분은 어떤 경우에 필요할까?

그렇다면 미적분은 애초에 구불구불한 선의 길이를 재고 싶다는 욕구에서 시작된 건가요? (왜 그런 욕구가 생기는진 모르겠지만)

그럴 수도 있지만 저는 길이보단 넓이라고 생각합니다. 머리카락은 쉽게 이해하기 위해 길이만 살펴보았지만, 시초는 구불구불한 형태의 넓이를 알고 싶은 마음에서 시작되었다고 봅니다. 만약 구불구불한 연못이 있는데 누군가 연못의 넓이를 물어보면 '나는 가로×세로 계산법만 아는 걸'이라고 밖에 말할 수 없겠지요.

아하!

이 문제의 돌파구를 열어 준 것이 미분 개념입니다. 잘게 나누면 된다고 말이죠.

 좀 무식한 방법이지만, 넓이가 $1m^2$인 판자를 준비하고 연못에 띄워서 몇 장이나 되는지 세어 보는 방법도 있겠네요.

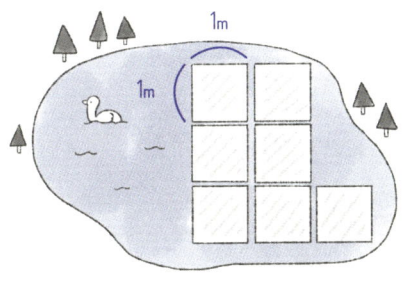

 만약 50장이라면 넓이는 대충 $50m^2$가 되리라는 것을 알 수 있겠지요. 하지만 그게 정확한 계산법은 아닙니다. 굽어 있는 중요한 부분의 넓이는 알 수 없으니 그곳을 어떻게 재면 좋을지 생각해내야 합니다. 어떻게 하면 될까요?

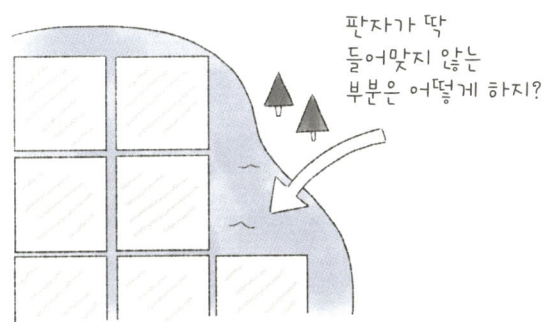

 음… 더 작은 판자를 준비한다?

243

바로 그겁니다! 판자를 더 작게 하면 됩니다. 작게 하면 작게 할수록 정확도는 높아지니까요. 그렇게 한없이 작게 해서 결국 점으로 보일 정도까지 작게 하는 것입니다. 그렇게 하면 넓이가 거의 100% 맞을 것 같지 않나요?

 뭐, 이론상으로야 그렇지만…

 수학은 이론에서 추상화된 학문이니까 괜찮습니다. 미적분의 핵심이 바로 무한으로 작게 하는 것입니다. 이를 가리켜 수학에서는 무한소라고 합니다. 무한소로 덮으면 몇 개가 되는지 생각하면 됩니다.

 아까까지만 해도 느긋한 시골 연못을 떠올렸는데 지금 말씀을 듣고 갑자기 현실 세계에서 멀어졌습니다. (웃음)

 하지만 적분에서 다시 현실로 돌아올 테니까 안심해도 됩니다. 원래 수학은 현실 문제를 일단 다른 세상으로 가지고 가서 뚝딱뚝딱 계산한 다음 다시 현실로 돌아오는 거니까요.

 다른 세상까지 가는 거구나. 그런데 '무한소'라는 것을 계산할 수 있나요?

 그것을 정확하게 계산할 수 있다는 점이 미적분의 대단한 매력이지요. 실제 무한소를 세는 것은 적분에서 다루지만 어쨌든 아무리 구불구불한 연못이라도 넓이는 알 수 있습니다. 이쯤 되면 재는 방법이 궁금하지 않나요?

 네! 40년 이상 살면서 처음으로 미적분을 공부하고 싶어졌습니다!

✓ 미분식을 살펴보자!

 저… 미적분 식을 어떻게 적었었죠?

 미분은 d를 사용해서 이렇게 식을 표기합니다.

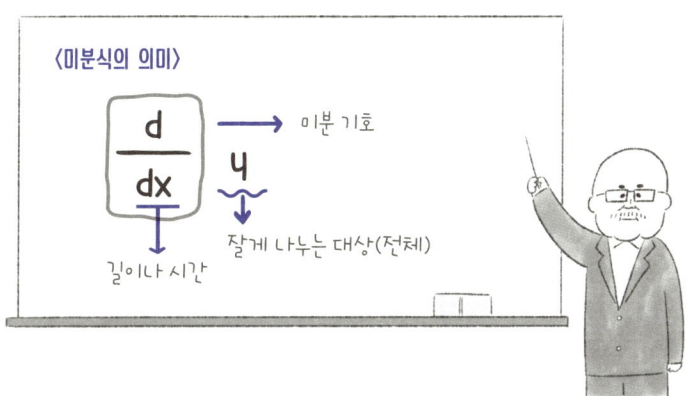

 아! 맞다!

 바로 알기 어렵겠지만 미분은 $\frac{d}{dx}$가 기호이고 y가 미분하는 대상입니다. y에는 머리카락이나 연못 같은 잘게 나눌 대상(전체)이 들어갑니다.

 엥? 그럼, 여기에 있는 x의 정체는 뭔가요?

 아, 이 x는 따로 떼어서 보지 말고 $\frac{d}{dx}$를 한 덩어리로 보세요. 그리고 가 $\frac{d}{dx}$ 물리에서 나올 때는 대부분 길이나 시간에 관련된 미분을 의미합니다. 즉, x의 의미는 길이나 시간이지요. 표기 전체를 보고 전체 y를 길이나 시간으로 잘게 나눈 결과라고 생각하면 됩니다.

✓ 적분식을 살펴보자!

적분은 영어의 S를 세로로 길게 늘인 것 같은 독특한 모양의 기호를 사용합니다.

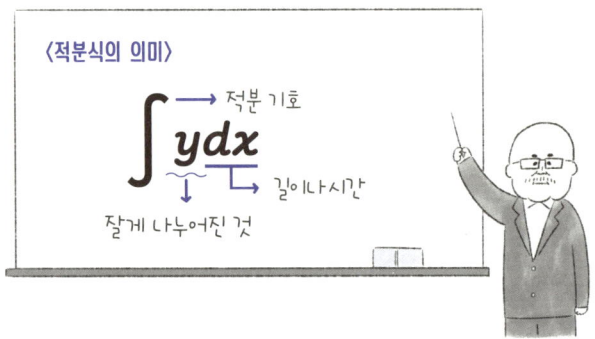

의외로 단순하네요. 하지만 어디서부터 어디까지가 기호인지조차 전혀…. 이것도 y가 대상인가요?

그렇습니다. S가 늘어난 것 같은 기호($\int$, 인테그랄)와 오른쪽에 있는 dx의 중간에 끼어 있는 y가 대상입니다. 이번에는 적분이기 때문에 적분의 대상이 되는 y에는 나누어진 것이 들어갑니다. 그리고 미분과 같이 dx는 길이나 시간을 나타냅니다. 즉, 이 식은 길이나 시간으로 나누어진 y를 세어 본 결과라는 의미가 됩니다.

아, 그렇군요. 기호가 아닌 말로 표현하니까 더 알기 쉬운데요!

미분은 잘게 나누기 때문에 y가 나누는 대상(전체)이 되고, 적분은 모아서 더해 가기 때문에 y가 나누어진 것이 된다는 말이군요. 그래서 $\frac{d}{dx}$와 dx는 대체로 길이나 시간을 나타낸다….

그리고 한 가지 더 보충하자면 적분을 나타낼 때 대부분 S의 오른쪽 위아래에 a나 b가 쓰여 있습니다. 이것은 시작한 지점과 끝난 지점을 의미합니다. 아래는 시작한 지점, 위는 끝난 지점입니다.

▶ 적분식의 의미

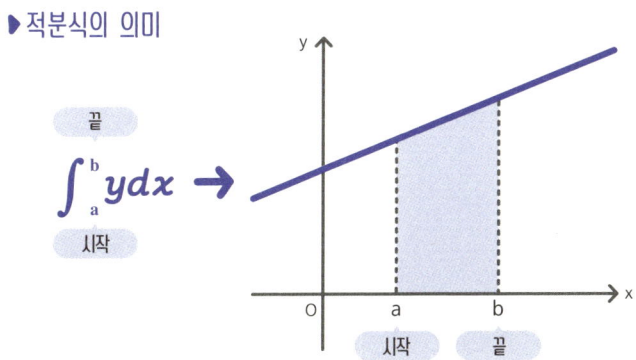

 시작이라면 무엇을 시작하는 건가요?

 예를 들어 머리카락 길이를 잰다면 중간 일부분의 길이만 알고 싶은 경우도 있겠죠? 어느 쪽이든 통합 작업을 시작하는 지점을 뜻합니다. 그게 시간이든 길이든 어쨌든 시작과 끝을 지정할 수 있다는 말입니다.

✓ 아르키메데스가 발견한 기적의 법칙

 이쯤에서 미적분의 위력을 실감할 수 있도록 좀 더 구체적인 설명을 하나 해볼까요? 너무 깊이 들어가지는 않겠습니다.

열심히 일차함수와 포물선을 공부했으니 그래프로 그려 보겠습니다. 먼저 일차함수는 직선이었지요. 이때 이 직선과 x축 사이에 생기는 삼각형의 넓이를 구하고 싶다면 가로×세로×$\frac{1}{2}$을 하면 됩니다. 왜냐면 가로와 세로로 만들어진 직사각형의 반이니까요. 아래 그래프라면 $5 \times 4 \times \frac{1}{2} = 10$이 됩니다. 초등학생도 풀 수 있겠지요.

▶ 일차함수의 넓이는?

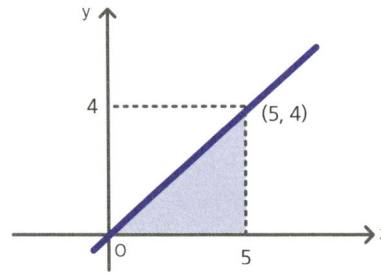

왼쪽의 일차함수와 x축 사이에 생긴 삼각형의 넓이(색칠한 부분)는

$5 \times 4 \times \frac{1}{2} = 10$

 네, 그렇네요.

 이차함수를 그린 포물선은 어떻게 될까요? 다음 페이지와 같은 그래프가 있고 곡선 아래에 생긴 부분의 넓이를 알고 싶다면요?

 네? 이건 구불구불한 연못 넓이를 구할 때랑 같은 경우잖아요. 모릅니다!!

 그렇죠. 곡선이 있으니 과거 선조들도 머리를 싸매고 어떻게 해야 할지 고민했을 겁니다. 세로도 알고 가로도 알지만, 삼각형처럼 단순하게 2로 나누기에는 뭔가 부족하다고 생각했을 테니 말이지요.

 쑥 들어가 있는 부분만큼 작아지니까요.

바로 그겁니다! 그 감각을 이해하면 큰 도움이 되는데요, 2로 나눌 수 없다면 어떻게 하면 좋을까요? 간단합니다. 3으로 나누면 됩니다.

▶ 이차함수의 넓이는?

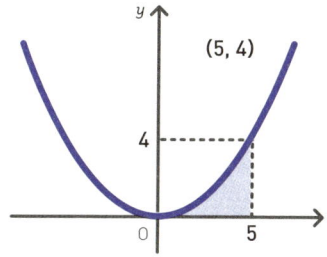

왼쪽의 이차함수와 x축 사이에 생긴 삼각형의 넓이(색칠한 부분)는

$5 \times 4 \times \dfrac{1}{3} = \dfrac{20}{3}$

3으로 나누기만 하면 끝!

 네? 그것뿐인가요?

 충격적이지요? 이것이 아르키메데스라고 하는 지혜의 거장이 인류에게 남겨 준 지혜입니다. 그냥 3으로 나누기만 하면 됩니다.

 진짜로요…?

 진짜 진짜입니다! 더 충격적인 사실이 있습니다. 일차함수의 삼각형에서는 가로×세로를 2로 나누면 되었지요. 이차함수인 포물선에서는 3. 그리고 삼차함수일 때는 4로 나누면 됩니다.

 엉엉 전혀 몰랐어….

✅ 미분은 중학교 수학으로 풀 수 있다

 지금 적분에 관한 이야기를 했습니다만, 이 책에서 했던 중학교 수학 지식으로 미분을 풀 수 있기 때문에 그 방법을 재빨리 설명하겠습니다.

 오오, 드디어. 저의 트라우마가 해소될 수도 있겠네요.

 꼭 그러길 바랍니다. 그럼 $y=x^2$의 단순한 포물선으로 설명하겠습니다. 자, 미분은 잘게 나누는 것이었습니다. 그리고 원래 미분한 결과는 변화율을 나타냅니다.

 일차함수를 할 때 열성적으로 설명하셨던 기울기죠?

 네, 맞습니다. (웃음) 그림으로 보면 알기 쉬울 텐데요. 이 $y=x^2$의 포물선을 폭 a만큼 굉장히 세세하게 나누는 것이 미분입니다.

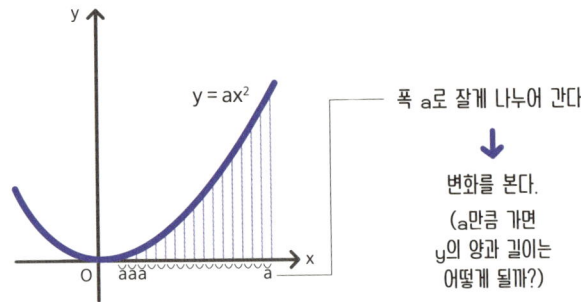

 역시 눈으로 직접 보니 더 알기 쉽네요.

 단, 단순히 나누기만 하는 것이 아니라 미분은 대상을 잘게 나누면서 조사하고 그것을 기록합니다.

무엇을 기록한다는 거죠?

 점 x일 때 y값과 점 x+a일 때 값의 변화율입니다. 즉, **폭 a의 변화에 따라 막대가 얼마나 길어지는지 혹은 짧아지는지**를 말합니다.

 그 변화량은 일정하지 않겠네요?

 일차함수 외에는 일정하지 않습니다. 오히려 계속해서 변해 갑니다. 하지만 미분을 이용하면 정확하게 기록할 수 있습니다. 그리고 거꾸로 기록한 변화율을 전부 합하면 최종적인 변화량을 알 수 있습니다. 그것이 바로 적분이죠.

 '**미분으로 변화율을 보고 적분으로 변화량을 확인한다**'는 점이 다르군요.

 그렇지요. 그것이 미분과 적분의 차이를 이해하는 데 중요 포인트가 됩니다. 예를 들어 어떤 기업의 10년 전 매상을 알고 있고 과거 10년간의 매상 신장률 자료가 있으면 최근 매상을 계산할 수 있습니다.

 오호, 그렇다면 제가 좋아하는 야구 선수의 타율을 적분하면 안타 수를 구할 수 있을까요?

 아쉽지만 그건 안 됩니다. 그런 경우에는 나눌 때의 폭이 일정하지 않기 때문에 계산할 수 없습니다. 만약 4타석마다의 타율이라면 적분할 수 있겠지만요.

 아! 조금씩 개념이 잡혀가는 기분이 듭니다. (기분 탓인가?)

✓ 미분을 척척 풀어 보자

 자, 그렇다면 실제로 중학교 수학으로 이차함수를 미분해봅시다.

 올 것이 왔군…

 개념을 익혔으니 괜찮을 겁니다. 그렇게 긴장하지 않아도 돼요. (웃음) 먼저 미분한다는 것은 변화율을 조사하는 것이라고 말씀드렸지요. 폭 a에 대해 y값이 얼마나 변하는가. 그래서 그래프로 말하면 x가 p+a일 때 y의 값에서 x가 p일 때 y의 값을 뺀 부분이 실질적으로 알고 싶은 부분입니다. 이것만 알면 a로 나누고 변화율을 구할 수 있지요.

그렇다면 x가 p일 때 y의 값은 무엇일까요? 힌트는 이차함수의 식입니다.

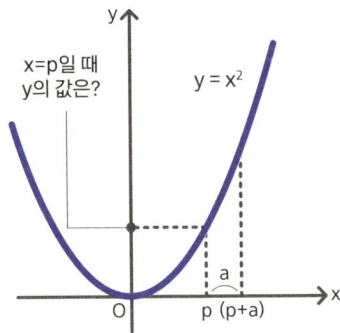

 음… 아! $y=x^2$이니까 y는 p^2입니다.

정답입니다. 마찬가지로 x가 p+a일 때 y값은 $(p+a)^2$입니다. 이것이 두 막대의 높이입니다. 두 막대의 차를 구하려면 빼면 되니까 $(p+a)^2-p^2$이지요. 이것을 식 변형하겠습니다.

$$(p+a)^2 - p^2$$
$$= p^2 + 2ap + a^2 - p^2$$
$$= 2ap + a^2$$

그러면 이런 형태가 됩니다. 다음으로 주목해야 할 것이 a^2입니다. 잘게 나누는 것이 미분이므로 a의 값은 상당히 작다는 전제가 있었습니다.

 그렇죠. 무한정 작았습니다.

 한없이 작은 것을 제곱하면 더 작아집니다. 보세요, 0.1을 제곱하면 0.01이 되지 않습니까? 그래서 '엄청나게 작은 수가 더 엄청나게 작아진다면 그게 의미 있을까? 없애 버리자'라고 생각한 사람이 독일의 수학자 라이프니츠입니다. 그 정도로 작으면 쓰레기로 간주하고 버린다는 발상입니다.

 뭔가 굉장히 엉성… 아니, 대담한데요.

 그 점이 라이프니츠의 대단한 점으로 개인적으로 참 좋아하는 부분입니다.

 a^2을 쓰레기 취급한다면 a도 버리고 싶어지는데요.

그건 우선 남겨 둡시다. 이유는 바로 알게 됩니다.

그렇게 되면 두 막대의 차는 2ap라는 것을 알 수 있습니다. 여기서 원래 목적인 변화'율'을 계산하려고 하는데요, 폭 a에 대해 2ap만큼 변화했기 때문에 변화율은 단순한 나눗셈으로 구할 수 있습니다.

<a에 대한 2ap의 변화율>
2ap ÷ a = 2p

 어, a가 사라졌다! (웃음)

 그렇죠? 그렇다면 이 2p를 어떻게 사용하는지 보겠습니다. 원래 지금 미분한 대상은 $y=x^2$이었지요?

 네. 그랬었죠.

 그 말인즉슨 함수 $y=x^2$을 미분하면 $2x$가 된다는 의미입니다. 아까는 p라는 기호를 사용해서 변화율이 2p였지만, p는 어떤 숫자여도 상관없으니 x도 괜찮습니다. x=2일 때 변화율(기울기)은 4, 그리고 x=3일 때는 6이 된다는 말입니다.

 아! 그러네요.

 저는 이것을 어깨의 짐(2)을 내려놓는다고 말하는데요, (웃음) x^2의 2가 1이 되고, 거기에 2를 곱하는 방식은 모든 이차함수에 똑같이 적용됩니다.

이차가 일차가 된다?

네. 잘게 나눈 덕분에 변화율이 일차가 되었습니다. 삼차를 미분하면 이차가 된다는 관계성이 있습니다. 반대로 2x라는 **변화율을 변화량 x^2으로 변환하는 것이 적분**입니다. 그때는 차수가 하나 늘어납니다. 일차에서 이차로, 이차라면 삼차로 말이죠.

▶ 미분하면 차수가 하나 줄고, 적분하면 하나 늘어난다.

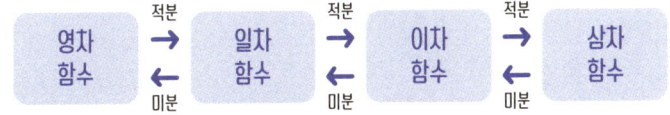

이 부분에서 아까 이야기한 3으로 나누면 된다는 이야기와도 이어지는데요, 그러려면 수열의 합이라는 법칙을 증명해야 하는데 사고력 계단을 5단 정도 올라야 해서 여기까지만 하겠습니다.

5단이나요…? 하하… 이 정도로 충분할 거 같습니다. 어쨌든 미분·적분의 분위기는 파악했습니다! 딸에게 설명할 수 있을 정도로요!

이차함수를 미분하는 방법도 알게 됐고, **원래 미적분의 최대 난관인 개념도 잡았으니 이 정도면 '미적분을 안다!'라고 말할 수 있을 만한 지식은 습득했다**고 볼 수 있습니다.
이것으로 고등학교 수학의 끝판왕인 **미적분**에 대한 설명이 끝났습니다. 구체적인 계산을 하려면 수업이 좀 더 필요하지만 '오 이거 꽤 쓸모 있는데?'라는 생각만 들었더라도 충분합니다. 특히 성인이 다시 공부하게 되면 '배우고 나면 어디에 써먹는지, 나와 직접적인 관련이 있는지'와 같은 효과를 미리 알고 싶어지거든요. 아무튼 졸업을 진심으로 축하합니다!!

고맙습니다! 앗싸, 고등학교도 졸업했어!!

마치며

드디어 금단의 책을 내고야 말았습니다. 이 책은 위험합니다.

착실하게 공부하는 중학생은 절대 보지 마세요. 왜냐하면 가장 빠르고 가장 짧게 중학교 수학을 정복해 버리기 때문입니다.

이 책은 중·고등학교 수학 때문에 한 번쯤은 좌절감을 맛보거나, 수학은 아무짝에도 쓸모없고 어렵기만 할 뿐이라는 생각으로 학교를 졸업한 분들을 위해 만들었습니다. 말하자면 16금 책입니다.

중학생이 3년은커녕 5~6시간도 안 걸려서 중학교 수학을 정복해 버리면 교과서를 차근차근 공부할 마음이 사라지겠죠? 그렇게 되면 제가 책임지지도 못하고 곤란해지니 그러지 마세요.

모든 일이 그렇듯 고생해서 배운 후에 '사실은 이 요령만 알아 두면 되는구나!'라고 스스로 터득하면 이해도 훨씬 깊어지는 법이니까요.

저는 대학생 시절 아인슈타인을 동경해서 '일반상대성 이론'을 공부했지만, 너무 어려운 나머지 한 번 좌절하고 말았습니다. 그런데 우연히 서점에서 영국의 유명한 물리학자 폴 디랙이 일반상대성 이론에 관해 쓴 책을 발견했습니다. 저는 선 채로 그 책의 서문을 읽고 큰 감동을 받았습니다.

서문에는 이렇게 쓰여 있었습니다.

"이 책으로 여러분은 최소한의 시간과 노력으로 일반상대성 이론에서 가장 어려운 부분을 이해할 것이다."

게다가 다른 두꺼운 책에 비해 획기적으로 얇은 두께! 그 책 덕분에 저는 가장 빠르고 가장 짧은 시간에 이론의 핵심에 닿을 수 있었습니다.

폴 디랙에게는 미치지 않지만, 중학교 수학이라면 저도 달인의 경지에 이르렀다고 자부합니다(그렇지 않으면 대학교수로서 실격입니다만…).

제가 폴 디랙에게 받은 감동을 이번에는 중학교 수학에서 정체해 버린 모든 분에게 전해 주고 싶어서 이 책의 제작에 참여했습니다.

그 목적을 어디까지 달성했는지는 모르겠지만 중학교 수학을 최단 시간에 정복하기 위해 저 나름대로 열심히 궁리했습니다.

저는 '정체학'이라는 연구 분야를 만들어서 수학을 토대로 다양한 정체 해소 방안에 관한 연구를 이어가고 있습니다. 학습에도 도로처럼 정체가 있는데 그것은 좁은 길이나 비탈길, 심한 커브 길을 달려서 좀처럼 앞으로 나아가지 못하는 느낌과 비슷합니다. 사실 그 옆에 평탄한 데다 널찍하고 거리도 짧은 우회 도로가 있는데도 말이죠. 다만 그 길은 지도에는 보통 실려 있지 않습니다.

하지만 이 책에서 드디어 중학교 수학(과 고등학교 수학 쬐끔)을 안내하는 금단의 지도를 펼쳐서 보여드렸습니다.

이 책으로 여러분을 목적지까지 안내하는 내비게이션이 되었습니다만, 어떠셨는지요. 조금이나마 도움이 되었다면 저자로서 큰 기쁨이 될 것입니다.

중학교 수학은 모든 것의 기초입니다. 저도 아이디어를 생각할 때는 지금도 중학교 수학을 사용하니까요. 중학교 수학의 응용범위는 그야말로 무궁무진하답니다.

여러분도 일상생활에 수학의 지혜를 꼭 활용해 주세요.

그러면 다시 만날 날까지 안녕히 계십시오.

 니시나리 가쓰히로

선천적 수포자를 위한 수학

발행일 2019년 12월 1일 초판

지은이 니시나리 가츠히로
옮긴이 이진경
펴낸이 한창훈
펴낸곳 루비페이퍼 / **등록** 2013년 11월 6일(제 385-2013-000053 호)
주소 경기도 부천시 원미구 길주로 252 603호
전화 032-322-6754 / **팩스** 031-8039-4526
홈페이지 www.RubyPaper.co.kr
ISBN 979-11-86710-56-2

편집 이희영
표지 너미날
디자인 박세진(https://blog.naver.com/sejine39)

* 이 책은 저작권법에 따라 보호받는 저작물이므로 무단 전재와
  무단 복제를 금하며, 이 책 내용의 전부 또는 일부를 이용하려면
  저작권자와 루비페이퍼의 서면 동의를 받아야 합니다.

* 책값은 뒤표지에 있습니다.

* 잘못된 책은 구입처에서 교환해 드리며, 관련 법령에 따라서 환불해 드립니다.
  단 제품 훼손 시 환불이 불가능 합니다.

일센치페이퍼는 루비페이퍼의 인문 단행본 출판 브랜드입니다.